年代層序単元

Erathem/Era	System/Period	Series/Epoch	SubS/SubE	Stage/Age	Age/Ma
Cenozoic	Quaternary	Holocene		Holocene	0.0117 *3
		Pleistocene	Upper	Upper *1	(0.126)
			Middle	Middle *2	(0.78)
			Lower	Calabrian	1.81
				Gelasian	2.588
	Neogene	Pliocene	Upper	Piacenzian	3.60
			Lower	Zanclean	5.33
		Miocene			
	Paleogene	Oligocene		省略	
		Eocene			
		Paleocene			

界/代	系/紀	統/世		階/期	年代/百万年前
新生界/代	第四系/紀	完新統/世			0.0117 *3
		更新統/世	上部/後期	上部/後期 *1	(0.126)
			中部/中期	中部/中期 *2	(0.78)
			下部/前期	カラブリアン階/期	1.81
				ジェラシアン階/期	2.588
	新第三系/紀	鮮新統/世	上部/後期	ピアセンジアン階/期	3.60
			下部/前期	ザンクリアン階/期	5.33
		中新統/世			
	古第三系/紀	漸新統/世		省略	
		始新統/世			
		暁新統/世			

*1 Tarantian(タランティアン)階/期. *2 Ionian(イオニアン)階/期が提案されている.
*3 西暦2,000年より，11,700年前.

Field Geology
9

第四紀

日本地質学会フィールドジオロジー
刊行委員会　編

遠藤邦彦・小林哲夫　著

共立出版

執筆者紹介（○編集責任者，執筆順）

○**遠藤邦彦**（A-1〜3，B-1〜6，16）
　日本大学名誉教授（元 日本大学文理学部教授）

○**小林哲夫**（A-4，5，B-7〜15，16）
　鹿児島大学名誉教授

刊行にあたって
ー本シリーズの刊行目的と読みかたの薦めー

「フィールドジオロジー（全9巻）」は，地質学を初歩から学ぶための入門コースとして「日本地質学会フィールドジオロジー刊行委員会」が企画したシリーズである．

地質学への第一歩は野外に出て地球に直接ふれてみることにある．実際にふれるものは岩石や地層であり，鉱物や化石である．また，ある場合には断層や褶曲かもしれない．実際に野外へ出て学ぶ地質学をフィールドジオロジーという．これが，本シリーズの名称の由来である．これまでにフィールドジオロジーの一部を扱った類書が多数出版されているが，フィールドジオロジー全般にわたって総合的に扱ったものは本シリーズが初めてである．

本シリーズは，地質学や環境科学を学ぶ学部学生，地質学とは専門は異なるが地質学の基本を学びたい大学院生・地質関係実務担当者・コンサルタント等の地質技術者，アマチュアの人たちを対象としている．これまで地質学を学んだことのない方々や文科系出身者にも理解できることを目標にした．また，適当な指導者に恵まれない場合であっても，本書を片手に独学でフィールドジオロジーの基本をマスターできることを目指して企画された．

本シリーズには，日本の地質を野外において観察するための最も基本的な事柄が網羅されている．初心者にとって読みやすい構成を心がけ，読者が興味にしたがってどの巻から読み始めても，十分な理解が得られるように構成されている．しかし，フィールドジオロジーを体系的に身につけ，将来，専門的な研究や実務に活かそうと希望する方は，ぜひ全巻を通してお読みいただきたい．ここでは，

全巻の内容の紹介とともに，独学でフィールドジオロジーを身につける読み方のモデルを提示した．しかし，必ずしもこの順番にこだわることなく読み進めていただいて結構である．

本シリーズの構成と読み進め方の一例を図1に示す．「基礎Ⅰ」は，堆積岩を中心として，野外地質学の基本である層序と年代について扱っている．初心者にとって比較的入りやすい分野であるとともに，野外地質学の最も基本的な分野でもある．「基礎Ⅱ」は，火成岩と変成岩について取り扱っているグループである．「基礎Ⅲ」は，すべての岩石に共通の地質構造を取り扱う．なお，第7巻の前半分では，地質構造の中でも微細構造について述べているので，第6巻と関連させて読むことが望ましい．読む順番としては，おおむね「基礎Ⅰ」→「基礎Ⅱ」→「基礎Ⅲ」，「基礎Ⅰ」→「基礎Ⅲ」といった読み方を推奨する．「応用」としてまとめられた第4，5，9巻の内容は，日本列島の地質の特徴や新しい概念の応用と関連している．第5巻の付加体地質学が理解できないと，日本列島の中・古生界の地質の理解は難しい．また，たとえば新第三系が広く分布

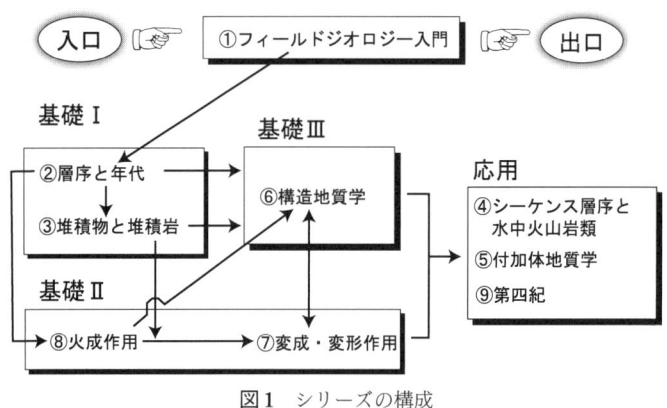

図1　シリーズの構成

している地域では，水中火山岩類の知識が必要不可欠である．火山の多い日本列島の第四系も独特の調査法が必要となる．なお，第4巻のシーケンス層序は，現在，学問的にも応用面でも注目されている課題である．

　本シリーズが，地質関連分野の専門家にとってはより専門的な研究への入り口となり，専門家でない方にとっては地球理解の一助となれば，というのが私たちの願いである．

日本地質学会フィールドジオロジー刊行委員会
秋山雅彦（委員長）
天野一男・高橋正樹（編集幹事）

はじめに

　大陸縁辺部にあった日本列島の前身は，中新世中期になると日本海の形成とともに大陸から離れ，激しい海底火山活動をともないながら島弧として発達していく．鮮新世には日本列島の原形が形成されていた．以後，第四紀にかけて日本列島はプレートの収束域となって東西に圧縮を受ける場となり，山地は高度を高めるとともに，堆積盆地が形成され始め，火山フロントから背弧側には火山活動が活発に展開された．さらに，第四紀には著しい地殻変動，火山活動のもとで，山地の成長と堆積盆地の発達が進み，現在あるような日本列島が成立してきた．その過程で，氷期・間氷期変動を軸とする気候変動，海面変動を含む環境変動が展開され，動植物相の大きな変化がみられた．このように第四紀の日本列島は，地殻変動，火山活動からみても，環境変動からみても，世界的に最も激しい変動によって特徴づけられる地域の一つである．

　本巻でははじめに，改められた第四紀の定義と，第四紀の環境変動の特徴について（A-1〜3），続いて，第四紀の日本列島の成立に大きな役割を果たした火山と火山活動についての総論（A-4〜5）が記述される．さらに日本の第四紀更新統や完新統の特徴や，日本列島の成り立ちと環境変遷にかかわる主要な事項（B-1〜6），および各種火山噴出物の調査法，それらの産状や成因など（B-7〜15）が述べられ，最後の B-16 において東日本大震災も含め人間生活との関連に触れられる．

　本書執筆中に第四紀の定義にかかわる大幅な書き換えがあり多大な時間を要したが，本シリーズ刊行委員会の秋山雅彦委員長には終始適切な助言と励ましをいただき，共立出版㈱の横田穂波さんには編集万端で大変お世話になった．心から御礼を申し上げます．

目　次

A　概説編

A-1　第四紀という時代　*1*

A-2　新しい第四紀像　*3*
- A-2-1　第四紀の新定義のあらまし　*3*
- A-2-2　第四紀再定義への経緯　*4*
- A-2-3　新しい第四紀像　*7*

A-3　第四紀の気候変動の特徴　*11*
- A-3-1　氷期・間氷期サイクル　*11*
- A-3-2　酸素同位体比と地球の気候変動　*11*
- A-3-3　地球軌道要素の変化と気候変化　*13*
- A-3-4　氷床コアによる気候復元　*15*
- A-3-5　D-O サイクル　*16*
- A-3-6　LGM からヤンガードリアス期を経て完新世へ　*19*

A-4　活火山と噴火現象・噴火様式の分類　*25*
- A-4-1　活火山の定義　*25*
- A-4-2　噴火現象の分類　*25*
- A-4-3　水蒸気噴火　*26*
- A-4-4　マグマ噴火　*26*
- A-4-5　水蒸気マグマ噴火　*29*
- A-4-6　噴火時に観察される諸現象　*31*

A-5　火山噴出物の分類　*33*
- A-5-1　粒径に基づく分類　*33*
- A-5-2　外形（内部構造）に基づく分類　*35*
- A-5-3　発泡の有無に基づく分類　*37*
- A-5-4　運搬様式に基づく分類　*38*
- A-5-5　火山砕屑岩の分類　*39*

B 実践編
B-1 テフロクロノロジー　*42*
- B-1-1　広域テフラ　*42*
- B-1-2　テフラとテフロクロノロジー　*43*
- B-1-3　テフラの認定法と年代決定　*44*
- B-1-4　主要な広域テフラと第四紀編年　*45*

B-2 日本列島の第四系　*48*
- B-2-1　第四系下部更新統　*50*
- B-2-2　上総層群の時代　*54*
- B-2-3　下総層群の時代―更新世中・後期―　*57*
- B-2-4　下総層群の時代の古気候・古環境　*58*
- B-2-5　更新世後期の編年　*61*
- B-2-6　沖積層　*62*

B-3 地殻変動と第四紀の地形・堆積物　*69*
- B-3-1　海溝型地震による隆起・沈降　*69*
- B-3-2　地震津波とイベント堆積物　*71*
- B-3-3　活断層　*72*
- B-3-4　海成段丘とネオテクトニクス　*73*
- B-3-5　山地の隆起速度　*74*

B-4 山地の地形変遷―氷河・周氷河作用および斜面の物質移動　*76*
- B-4-1　氷河作用　*76*
- B-4-2　周氷河現象　*79*
- B-4-3　斜面の物質移動　*81*

B-5 海水準変動・海進海退と第四紀の地層形成　*84*
- B-5-1　海水準変動とは？　*84*
- B-5-2　海進・海退―縄文海進と貝類群集―　*87*
- B-5-3　海と陸の相互作用―海水準変動とデルタの発達―　*90*
- B-5-4　バリア島システムの例　*92*

B-6 湖沼堆積物，湿原堆積物調査法―陸域から得られる情報　*95*
- B-6-1　湖沼堆積物　*95*
- B-6-2　湖沼堆積物に応用されるプロキシ　*95*

B-6-3　古植生の解析―花粉と大型遺体―　*96*
　　　B-6-4　土壌と植物珪酸体　*98*
B-7　火山地質調査の基礎　*101*
　　　B-7-1　遠方の露頭での調査　*101*
　　　B-7-2　火山体〜山麓での調査　*105*
　　　B-7-3　火口周辺での調査　*106*
B-8　火山地形の分類　*109*
　　　B-8-1　単成火山　*110*
　　　B-8-2　複成火山　*112*
　　　B-8-3　複式火山　*115*
　　　B-8-4　カルデラ火山　*116*
B-9　降下テフラの分類　*121*
　　　B-9-1　プリニー式（準プリニー式）噴火のテフラ　*121*
　　　B-9-2　ブルカノ式噴火のテフラ　*123*
　　　B-9-3　水蒸気マグマ噴火のテフラ　*127*
　　　B-9-4　水蒸気噴火のテフラ　*128*
B-10　火砕流堆積物　*129*
　　　B-10-1　火砕流堆積物の分類　*129*
　　　B-10-2　火砕流堆積物の分布形態および堆積構造　*131*
　　　B-10-3　溶結凝灰岩　*137*
　　　B-10-4　アグルチネート　*140*
　　　B-10-5　溶結火砕岩の2次流動　*141*
B-11　火砕サージとブラスト堆積物　*145*
　　　B-11-1　火砕サージ堆積物　*145*
　　　B-11-2　ブラスト堆積物　*148*
　　　B-11-3　水蒸気噴火にともなうブラスト　*153*
　　　B-11-4　火砕サージ・ブラスト堆積物の識別　*154*
B-12　溶岩　*156*
　　　B-12-1　溶岩流　*156*
　　　B-12-2　火砕物との関係　*162*
　　　B-12-3　溶岩ドーム　*163*

B-12-4　水中溶岩　*166*
B-13　岩屑なだれ堆積物　*171*
　　B-13-1　岩屑なだれ堆積物の特徴　*171*
　　B-13-2　岩屑なだれの発生要因　*172*
　　B-13-3　岩屑なだれ堆積物の特徴　*173*
　　B-13-4　岩屑なだれ堆積物形成時の温度　*174*
　　B-13-5　その他の事例　*177*
B-14　ラハールと災害　*179*
　　B-14-1　ラハールの分類　*179*
　　B-14-2　ラハール堆積物の特徴　*180*
　　B-14-3　ラハールの事例　*182*
B-15　噴火と地盤変動　*185*
　　B-15-1　火山の同時噴火　*185*
　　B-15-2　噴火と関連した地震の証拠　*187*
　　B-15-3　複数回〜長期にわたる地震の影響　*189*
　　B-15-4　噴火と関連した津波　*190*
B-16　人間生活と第四系　*192*
　　B-16-1　東日本大震災に学ぶ　*192*
　　B-16-2　防災・減災の考え方　*194*
　　B-16-3　自然災害ハザードマップの必要性　*196*
　　B-16-4　地盤災害　*198*
　　B-16-5　安全・安心な国土をめざして　*199*

C　文献編　*200*

索　引　*221*

A-1　第四紀という時代

　第四紀の第1の特質は地質時代の最後に位置し，現在と未来に接する最新の時代，つまり『地球史における現代』であるところにある．また，すでに出現していた人類がアフリカを出て広い地球上に広がりその影響を強めていき，ついには地球温暖化など地球環境に大きな影響を与えるまでに至った時代でもある．同時に，山地が隆起する一方，堆積盆地が発達を示し，活発な火山活動が展開される中で，われわれが主に生活の場とする大地がつくられてきた時代でもある．

　このような地球の歴史の中で特別の意味を有する第四紀の始まりをどこに置くか，第四紀の地質年代上の地位をどう位置付けるかについての国際層序委員会・国際第四紀学連合の提案が2009年6月29日にIUGS（国際地質科学連合）において批准された．その結果，第四紀の始まりは従来鮮新世に属していたジェラシアン(Gelasian)の始まりまで約80万年間さかのぼり，260万年前からとなること，同時に，第四紀の地位も新生代の中でPaleogene（これまでの古第三紀），Neogene（これまでの新第三紀に対応するがジェラシアンを除く）に続く最後の紀に相当する名称として正式に位置づけられることとなった．

　こうして再定義された第四紀の始まりは，地球が寒冷化に向かい始めた時代，具体的には南北両半球の高緯度地域に本格的な氷床が存在するようになり，地球が寒冷化に向けてシフトしていく時期に置かれることになった．その背景には深海底コアに基づく多様な研究成果をはじめ，多くの最新の知識が動員された結果がある．したがってこの新たな定義は，第四紀という時代の本質を理解するうえできわめて重要な意味をもっている．

こうした『地球史における現代』の知識は，地球温暖化問題で代表される将来の地球とその環境を予測するうえでの大きな手がかりとなる．将来の気候変動予測に大きな役割を担っている気候モデルを改善していくうえでも，第四紀を通じて働いてきた気候変動のメカニズム，最終氷期から完新世にかけての急激かつ大規模な気候変動の実態，中世温暖期や小氷期の気温・降水量とその季節的な推移や原因論，過去の温暖期，寒冷期との比較などなど，こうした知識はその基礎として不可欠なものである．

　地球環境問題の中でも，砂漠化の進行のもとでの大陸内陸部の大半を占める乾燥・半乾燥地域の将来は危惧される問題の一つである．大陸内陸地域の環境は，日本列島と決して無関係ではなく，食糧問題を含め国際的な大問題に発展する可能性があり，その研究は将来の深刻な水問題の解決に直結する．日本まで襲ってくる黄砂の発生域の拡大を食い止めるにとどまらず，持続可能な開発によって長期的に問題を解決していく国際的努力が必要とされる分野である．

　また，日本列島は多様な自然災害，すなわち地震災害，津波災害，火山災害，気象災害，斜面災害，地盤災害，これらが重なり合う複合災害などが，きわめて高い頻度で発生する．2011年3月11日の東北地方太平洋沖地震はM9という凄まじいもので，大規模津波を発生させ，東日本に破壊的な被害をもたらしたことは記憶に新しい．これらは日本列島の形を作り，その環境を支配しているさまざまな自然の変動として発生するだけに，避けがたい側面があるが，その本質を理解することによって自然災害による被害を最小限にする減災への努力が重要であり，また，われわれに期待されているところはますます大きくなっている．

　本章では，はじめに第四紀の新定義の内容に触れ，新しい第四紀の特徴と基本的な知識について解説したのち，個々の関連する問題や基礎的な説明を行い，さらに各論を述べていくこととする．

A-2 新しい第四紀像

A-2-1 第四紀の新定義のあらまし

前述のように，第四紀の始まりと新生代における第四紀の位置は2009年に再定義され，第四紀の始まりは80万年さかのぼって258（258.8）万年前からとなった．

これは2009年6月にIUGS（国際地質科学連合）で最終的な決定をみたもので，批准された内容は以下のとおりである．

すなわち，更新世・更新統［Pleistocene Epoch/Pleistocene Series］はジェラシアン（ジェラ）期/階［Gelasian Age/Gelasian Stage］を含み，その始まりないし基底はイタリアのシシリー島南部 Monte San Nicola GSSP（模式地）のジェラシアン（Gelasian）の始まりないし基底とする．第四紀・第四系［Quaternary Period/System］の始まりないし基底，すなわちNeogene-Quaternaryの境界は，Monte San Nicola GSSPにおいて正式に定義され，PleistoceneとGelasianの始まりないし基底と一致する．このように，ジェラシアン期・ジェラシアン階［Gelasian Age/Stage］は鮮新世・鮮新統［Pliocene Epoch/Series］から更新世・更新統［Pleistocene Epoch/Series］に移される（Gibbard *et al.*, 2010）．以上を前見返しの表に示す．

IUGSの批准を受けて，日本国内における対応を決めるため，2009年の12月29日に日本学術会議地球惑星科学委員会IUGS分科会，同INQUA分科会，一般社団法人日本地質学会，日本第四紀学会の四者の合同会議がもたれ，以下のような基本的な方向で一致した（奥村, 2010）．以下，骨子のみを記す．

1．日本は新しい更新世・更新統，第四紀・第四系の定義を受け入れて今後これを使用する．

2．更新世・更新統の細区分については，当面従来から用いられている，後・中・前期更新世および上・中・下部更新統をIUGS-ICSで検討中のタランティアン，イオニアンおよびすでに定義されているカラブリアンに対応させて使用する．当面，前期更新世・下部更新統にジェラシアンを含める．

3．鮮新世の区分は前・後期鮮新世，下・上部鮮新統の二区分とし，IUGSが定義するザンクリアン，ピアセンジアンに対応させる．

4．これまで新第三紀・新第三系と古第三紀・古第三系を併せた地質時代として用いられてきた第三紀・第三系は，非公式な用語として使用することができるが，学術論文，教科書，地質時代・年代層序表には使用しない．

5．IUGSが定義するNeogene Period/Neogene System, Paleogene Period/Paleogene Systemに対応する日本語として，新第三紀・新第三系，古第三紀・古第三系を従来どおり使用する．したがって，新生代・新生界は，第四紀・第四系，新第三紀・新第三系，古第三紀・古第三系に3区分される．

A-2-2 第四紀再定義への経緯

ここで第四紀が再定義されるに至った経緯を振り返ってみよう．

これまで第四紀の始まりは従来の更新世（Pleistocene）の始まりをもって定義づけられてきたが，長く議論を呼んでいたものでもあった．従来の更新世の始まりの181万年前という年代は，古地磁気編年のマツヤマ逆磁極期（Matuyama Chron）の中のオルドバイ・イベント（Olduvai Subchron）の上限の年代であるが，ここから地中海に寒流系の要素が入り始めること，アフリカで人類化石が産出する時代に相当することなどから，1983年にイタリア，カラブリア地方のVrica Sectionが模式地として認められた．

しかし，この時期に寒冷化に向かうことは他の海域では必ずしも認められないことや，人類の出現の時代がはるか古く，700万年前

ともいわれるように大幅にさかのぼることになるなどから,再検討すべきとの議論は以前から続いてきた.北大西洋では氷床の拡大を示す漂流岩屑(IRD:ice rafted debris,氷床の崩壊から発生する氷山が運搬する粗粒子が深海底に堆積したもの)の増加が260〜250万年前に見られ,北半球の氷床の成立はこの時期にまでさかのぼると考えられた.酸素同位体比に基づく気候変動の解明に大きな功績を残したシャックルトンは北大西洋の海底コアの論文の中で,240万年前(2.4 Ma)に顕著なIRDの産出,すなわち氷床の成立が,また250万年前(2.5 Ma)にはその走りが認められたとしている(Shackleton *et al.*, 1984).当時はマツヤマ―ガウス古地磁気境界は2.47 Maと考えられていたので,現在の260〜250万年前に相当する議論である.その後,Jansen *et al.*(2000)は,北大西洋北部(ノルウェー海含む)の過去350万年間のIRDの産出をより系統的に調べ,IRDの出現は段階的に進んでくるが,北半球氷床の本格的確立は270万年前であるとした.この後になると北大西洋の多くの地点でIRDが卓越するようになる(図A-2-1:Jansen *et al.*, 2000).このように275万年〜240万年前には粗粒なIRDが卓越し,氷期/間氷期の変化が大きかった.

その後,多数の研究が蓄積され,IRDだけでなく微化石や酸素同位体比など深海底コアについて蓄積されたデータに基づいて,寒冷化の始まりや北半球の北米大陸,ユーラシア大陸,グリーンランドなどの極圏における氷床の成立期が検討され,280万年前から240万年前に大きな変化が集中することが明らかになった(Pillans and Naish, 2004).

北太平洋,カナダ沖北東太平洋,日本海においても274万年前に寒流系種の石灰質ナンノ化石,*Coccolithus pelagicus* が急増,南下した.極域を中心に氷山が運搬する粗粒子(漂流岩屑)の増加とともに北半球に大規模な氷床(NHG:Northern Hemisphere Glaciation)が形成されたことが強く示唆された(図A-2-2;Sato *et al.*, 2004;佐藤,2010).

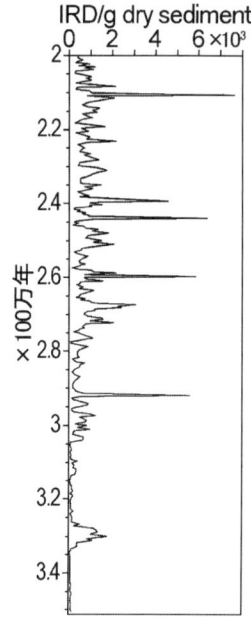

図 A-2-1　北大西洋 ODP Site 907（グリーンランド沖）における 360〜200 万年の IRD の変動（Jansen *et al.*, 2000 に基づき編集）

　この 274 万年前という年代は，ガウス正磁極期の末期に，マツヤマ―ガウス古地磁気境界のやや下位に位置するが，グローバルに対比しやすいことから第四紀の始まりはほぼマツヤマ―ガウス古地磁気境界にあたる 258.8 万年前に置かれることになったのである．

　以上のように，2004 年頃からの新生代の見直し，第四紀の開始期をめぐる国際的な議論（フィールドジオロジー 2，『層序と年代』B-4 参照）に終止符が打たれた．

　その後，第四紀の新定義と日本列島を主とする第四系についてはシンポジウムが開催され，第四紀研究および地質学雑誌に特集号として掲載されているので，あわせて参照いただきたい（第四紀研究，**49**，5，271-329（2010）；地質学雑誌，**118**，2，61-136（2012））．

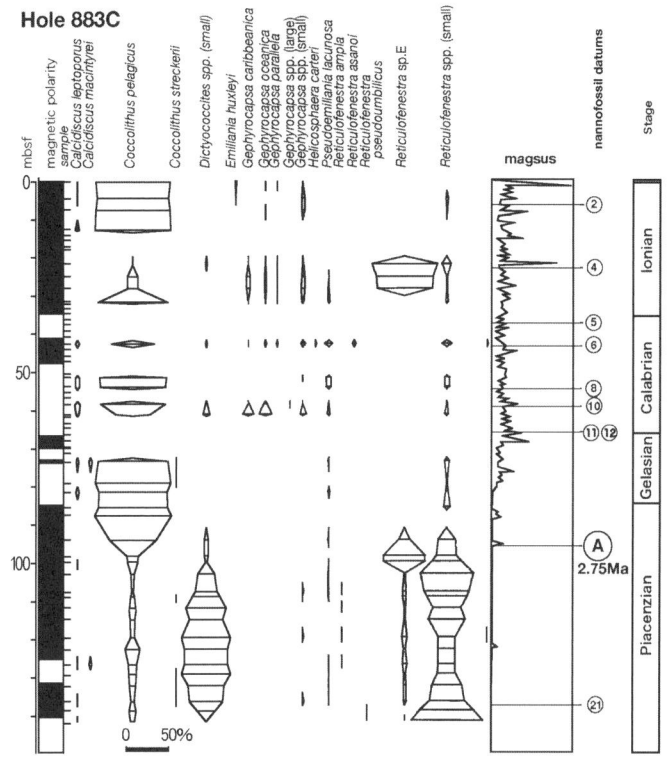

図 A-2-2 北太平洋カムチャツカ半島沖 Hole 883 C の石灰質ナンノ化石層序と帯磁率（佐藤，2010）

図中の"magsus"は帯磁率（magnetic susceptibility）．帯磁率のグラフにあるⒶは石灰質ナンノ化石による基準面 A（p. 5 および p. 50-51 を参照）．

A-2-3　新しい第四紀像

　先に述べたように第四紀の定義が改められた結果，これまで鮮新世に属していた Gelasian（ジェラシアン）が第四紀に入ることになり，第四紀・系の始まりが Gelasian の基底に置かれるようにな

った．つまり Gelasian に相当する 80 万年間分の地層が第四紀に移されることになったわけであるが，単に表を書き換えたり，図の区分を変えたりというだけではない．第四紀像がきわめて明確になることに大きな意味がある．

新たな第四紀像として最も大事なことは，現在につながる第四紀の地球の気候変動を支配してきた仕組みが，この段階で本格的に整ったということである．その主要な中身は南北両極氷床システムの確立である．南極大陸の氷床は古くから存在したことがわかっている．第四紀には，南半球に加えて北半球にも広大な大陸氷床が形成されたのである（図 A-2-3）．しかしそれは 258 万年前に突然起こったのではなく，およそ 300 万年前から 250 万年前頃にかけて段階的に起こったとされる．そのきっかけを与えた一つの要因は後述するミランコビッチ・サイクルである．そのころから地球の気候は寒冷側にシフトし始める．北半球高緯度の夏の日射量が低下すると，

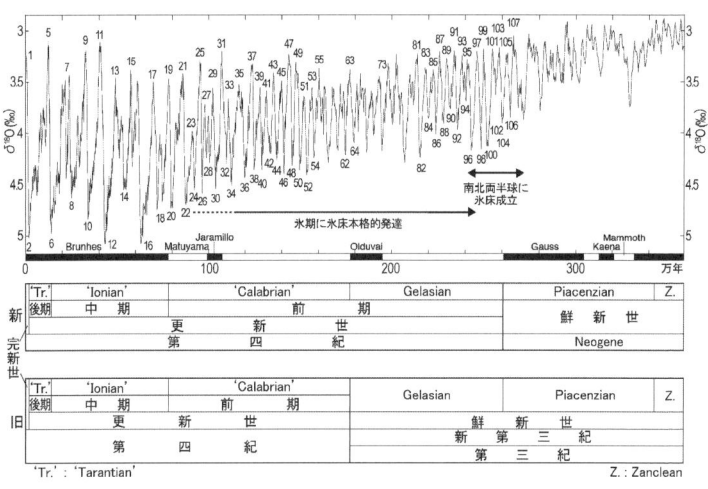

図 A-2-3　過去 360 万年間の酸素同位体比変動に基づく氷期・間氷期変動（Lisiecki and Raymo，2005 に基づき改変）．数字は MIS．

これをきっかけとして，冬季に降った雪は夏季も融けずに残り，これが積み重なって氷床が発達するようになる．氷床の発達は地球を寒くし，さらに氷床を発達させる，という正のフィードバック・メカニズムが働く．これは氷期・間氷期が繰り返された第四紀の気候変動メカニズムの基本にある．この古気候変動の傾向が全体に寒冷な方向にシフトしていったのである．

しかしこの時期に大規模な大陸氷床形成が生じるには，長期にわたって繰り返されてきた軌道要素に起動されるミランコビッチ・サイクルの寒冷側へのシフトに加えて，次の点が重要な役割を果たしたとする考えが有力である．現在，北米大陸と南米大陸は中米のパナマ地峡でつながっている．近年，その大西洋側と太平洋側の深海底コアの研究が進み，300万年前〜250万年前頃に大きな環境変動が見られることがわかってきた．

かつて大西洋と太平洋は，Central American Seaway と呼ばれる海峡でつながっていたが，そのころにプレートの運動のもとで両大陸がつながってパナマ地峡が形成され，海峡が分断されたのである (Keller *et al.*, 1989；Bartoli *et al.*, 2005；Kameo & Sato, 2000)．海峡が存在した時代には太平洋側と大西洋側の浮遊性有孔虫群集は共通していた．しかしパナマ地峡が形成されると，両者は異なる群集を示すようになり，大西洋側のカリブ海では塩濃度が高い海水に耐えることのできる浮遊性有孔虫 *Globigerinoides ruber* が増えることから，2.4 Ma からカリブ海の海水は現在と同様非常に塩分が濃くなったと考えられた（図 A-2-4）．

パナマ地峡が形成され，南北アメリカ大陸が連結した結果，メキシコ湾流で代表される北大西洋への暖流の北上が始まり，北大西洋発の海洋の熱塩循環［後述］の活発化が進行し，北大西洋高緯度地域において大量の水蒸気が発生し，大陸上には雪が供給され，氷床の発達が進み，雪氷域の拡大が進む．雪氷で覆われた大陸のアルベド（反射率）は増大し，さらに寒冷化が促進されるという，正のフィードバック・メカニズムが強力に進行した．同様のことが，上述

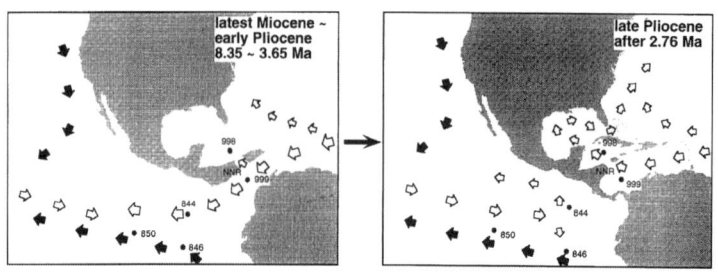

図 A-2-4 パナマ地峡と深海底コアに基づく海況の変化（Kameo & Sato, 2000 より抜粋）
左：8.35 Ma〜3.65 Ma，右：2.76 Ma 以後，黒矢印は cool currents，白矢印は warm currents．

の大西洋だけでなく北太平洋においても起こったことは，石灰質ナンノ化石や珪藻群集に基づく急激な寒冷化が深海底コアに明瞭に記録されていることから証拠づけられる（Sato *et al.*, 2004；Shimada *et al.*, 2009；佐藤, 2010）．

　以上に述べた過程は第四紀を特徴づける氷期・間氷期サイクル（ミランコビッチ・サイクル）の基本的な枠組みそのものであり，第四紀を通しての気候変動システムが確立したことを意味する．

A-3 第四紀の気候変動の特徴

A-3-1 氷期・間氷期サイクル（ミランコビッチ・サイクル）

　第四紀は氷期・間氷期サイクルで特徴づけられる時代である．寒冷な氷期と現在のような温暖な間氷期とが何度も繰り返されてきた．この変動は深海底コア中に含まれる有孔虫に基づく酸素同位体比カーブによって連続的にとらえられ，過去70万年間においてはおよそ10万年の周期をもって，それ以前は約4万年の周期をもって繰り返された（図A-2-3）．この変化は後述（A-3-2）するように，大陸氷床量の変化を示すもので，地球の気候変動を反映しほぼ海面変動を表す．これらの変動は地球の公転軌道，歳差，地軸の傾きなどの地球の軌道要素の周期的変化に基づくとされ，ミランコビッチ・サイクル，氷期・間氷期サイクルと呼ばれる．

　この氷期・間氷期変動には海洋酸素同位体ステージ（MIS）の区分がなされ，現在の間氷期にあたる完新世はMIS 1，最終氷期には亜間氷期のMIS 3を挟んでMIS 2と4の寒冷期があり，最終間氷期はMIS 5と呼ばれたが，現在は5a（5.1）から5e（5.5）に細分され，MIS 5e（5.5）が最終間氷期とされる．したがって，最終氷期はMIS 5dにはじまりMIS 2までとなる（図A-3-1）．

　MIS 5以前は，間氷期には7以降の奇数番号が，氷期にはMIS 6以降の偶数番号が順にふられる．第四紀の始まりはMIS 103のはじめに置く（図A-2-3）．ミランコビッチ・サイクル（SPECMAP）はこのように，MISの番号で時代を表す基準となる．

A-3-2 酸素同位体比と地球の気候変動

　第四紀という時代の特徴についてはすでに述べたが，海底コアか

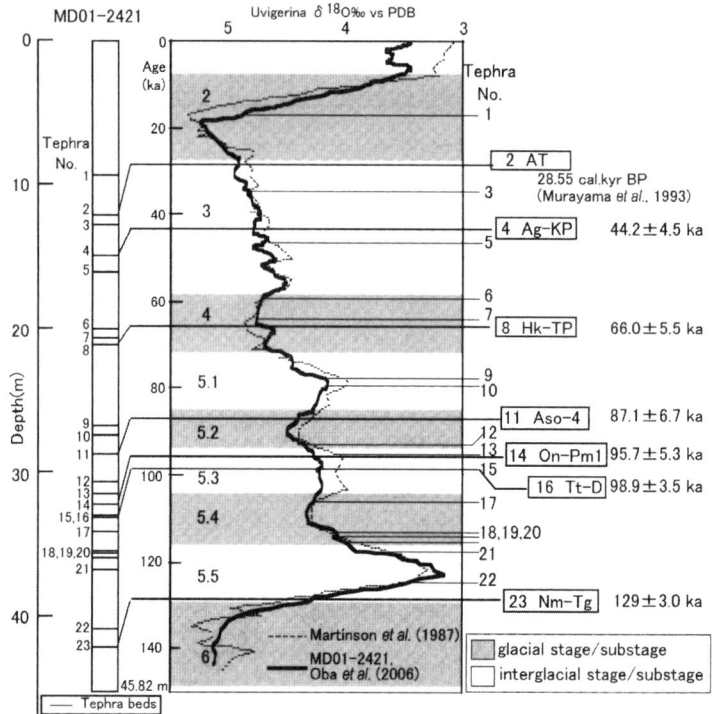

図 A-3-1　鹿島沖 MD 01-2421 コアの柱状図，テフラ層位，同位体ステージ，および酸素同位体変化（青木ほか，2008）
実線は MD 01-2421（Oba *et al*., 2006），点線は Martinson *et al*.（1987）による．
AT については p. 42-43 に詳しく述べる．

ら解明されていった氷期・間氷期サイクルの繰り返しは，さらにそれが地球の軌道要素の変化と密接な関係にあることから，ミランコビッチ・サイクルとも呼ばれる．

　このような周期的変動の存在が確立される基礎となったのが，酸素同位体比の温度依存性である．酸素には3つの同位体，^{16}O，^{17}O，^{18}O がある．それぞれ安定同位体であり，その存在比は，

99.74％，0.06％，0.20％となっている．通常，量の少ない^{17}Oを除き^{16}Oと^{18}Oが扱われる．したがって，水には軽い水$H_2^{16}O$と重い水$H_2^{18}O$があり，海水中の酸素同位体比を有孔虫の殻$CaCO_3$が記録する．

δ^{18}Oで表される^{16}Oに対する^{18}Oの割合は下記の式で求められる．標準試料にはアメリカ合衆国のPee Dee層に産するベレムナイト化石が用いられる．

δ^{18}O ‰＝[(^{18}O/^{16}O)sample/(^{18}O/^{16}O)standard－1]×1000

$CaCO_3$からなる有孔虫殻の酸素同位体比は，海水の同位体比変化であり，グローバルな古気候，海水量の変化，海面変化の指標である (Shackleton, 1967)．

酸素同位体比はなぜ気候変動を示すのであろうか．海洋から水が蒸発するとき，軽い同位体からなる$H_2^{16}O$のほうが優先的に気体になる．逆に重い同位体からなる$H_2^{18}O$は海水中に残されやすい．蒸発した水蒸気が降水として降る場合には，重い$H_2^{18}O$が優先的に凝結し，軽い$H_2^{16}O$は蒸気として残りやすい．蒸発の盛んな海域から蒸発と降水を繰り返しながら，水分は高緯度の氷床地域に至り雪を降らせるが，この過程で熱帯・亜熱帯から$H_2^{18}O$はますます失われ，$H_2^{16}O$に富むようになる．

寒冷な時期には飽和水蒸気量が小さいため，この過程がより強く進行し，軽い雪（$H_2^{16}O$の多い雪）が降ることになる．

間氷期には，氷床から融けた^{16}Oに富む水が海にもたらされ，海水の^{18}Oは希釈される．氷期には海面から蒸発した^{16}Oに富む水蒸気が最終的には氷床に蓄積されていくために，海水中の^{18}Oの濃度は高くなる（図A-3-2）．

A-3-3 地球軌道要素の変化と気候変化

地球が受け取る太陽放射を日射量という．日射量は地球の軌道要素の周期的変化に基づいて周期的に変化する．このような地球の軌道要素として，歳差（約2万年の周期，2.3万年と1.9万年），自

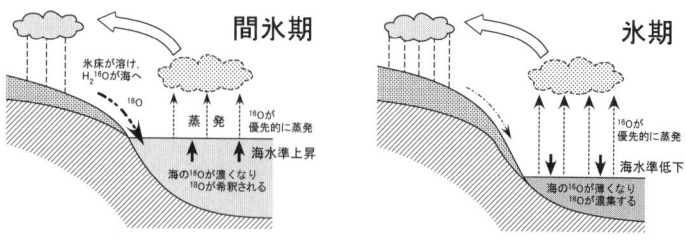

図 A-3-2 氷期・間氷期における酸素同位体比の変化
間氷期：融水過程で^{16}O が海に，海水の^{18}O は希釈される．
氷期：蒸発と氷床に^{16}O 蓄積，海水に^{18}O が濃縮される．

転軸の傾き（約4万年周期，4.1万年），公転軌道の離心率（楕円から円；10万年と41万年の周期）がよく知られている．歳差は地軸の首振り運動のことで，近日点と季節によって緯度方向による日射量は変化する．

ミランコビッチは，3つの要素に基づく日射量の変化を計算し，これら軌道要素の変化が気候変動のトリガー，あるいはペースメーカーになっていると考えた．

図 A-2-3 の酸素同位体変動図は，大西洋，太平洋，インド洋の57の深海底コアの底生有孔虫を用いた酸素同位体比カーブに基づき，時間軸モデルによって調整して作成されたもので，530万年前までさかのぼる（Lisiecki and Raymo, 2005）．水温等の安定した条件にある深海の底生有孔虫の殻が酸素同位体比の測定に用いられ，世界共通の年代尺度を与える基準として重視される．この編年は，スペックマップ尺度（SPECMAP：Mapping Spectral Variability in Global Climate Project），海洋酸素同位体編年，orbitally tuned chronology などとも呼ばれ，歳差運動，地軸の傾きなどの地球軌道要素の周期的変化に基づいて，酸素同位体カーブの年代を調整して共通の時間尺度として求めたもので，MIS 5 e（5.5）を12.5万年（バルバドス島のサンゴ礁段丘Ⅲの年代），ブリュンヌ＝

マツヤマ古地磁気境界を78万年，などを基準とする年代モデルに基づく．各ステージやその細分などに共通の年代を与えるだけでなく，その変化自体が大きな意味をもつ．

A-3-4 氷床コアによる気候復元

グリーンランドや南極の氷床コアを採取し，これを分析して高分解能の古環境変動を導く研究が世の脚光を浴びている．近年はさまざまな緯度に位置する山岳氷河の氷床コアの研究も盛んである．その理由はいくつかある．

第一には時間分解能にきわめて優れていることがあげられる．

方法としては，季節変動を示す要素を用いることによって1年1年を決定し，カレンダーの年代と同一の時間尺度を得ることができることである．季節変動を示すものとして海塩，ダストなどがあるが，水の酸素同位体比の季節変動を基本として年層を認定する．

得られた年代は，時代のわかっている火山噴火（酸性度のピーク，まれに火山灰）や大気中核実験が盛んに行われた年代などによってクロスチェックされる．

第二に，氷からは多様な情報が得られることがある．氷（水）自体の酸素同位体比から気候変動を知ること以外に，ダスト量の変化，海塩や花粉の変化，火山噴火も求められる．さらに重要なものに氷の泡から空気の化石を分析できることがある．この空気を精密に取り出して分析することによって，過去のCO_2，メタン，重水素などを含む大気組成がわかる．過去の大気の組成を推定する唯一の方法といってよい．

以上のように，氷はきわめて多様かつ重要な情報源であり，かつ年代の分解能に優れている．後述するように，海底コアから得られた気候変動像は，高時間分解能なグリーンランドや南極大陸の氷床コアによって裏付けられた．さらに氷床コアによる古気候変動は，現在の段階では過去約40万年間あるいは約80万年間については最も正確なグローバルな古気候記録として基準になっている．図A-

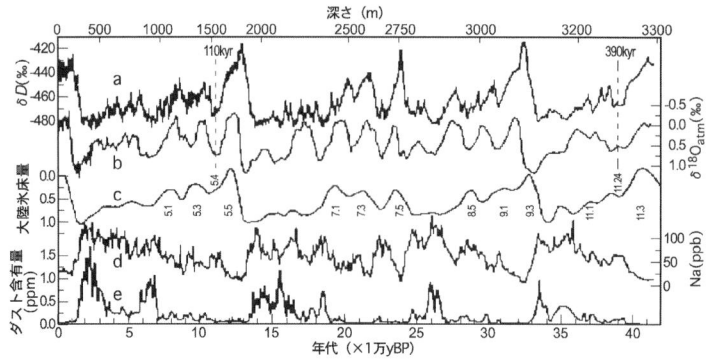

図 A-3-3 南極ボストーク基地の氷床コアの過去 42 万年間の δD (a), $\delta^{18}O_{atm}$ (b), Na (ppb; d), ダスト含有量 (ppm; e) と, 海底コアの $\delta^{18}O$ カーブから推測される大陸氷床量 (c) との比較 (Petit *et al.*, 1999 を修正)

3-3 には，南極のボストーク氷床コアによる約 42 万年前までの詳細な気候変動と大気組成，ダスト量の変化を示す (Petit *et al.*, 1999). MIS 1, 5, 7, 9, 11 の 5 回の間氷期が明瞭に示される. 各氷期には風によって氷床にもたらされたダストや Na が急増する．その後，ドーム C のデータが加わり約 80 万年前まで氷床コアによる古気候記録は伸びている (EPICA community members, 2004).

A-3-5　D-O サイクル

　グリーンランドの氷床コア (図 A-3-4) の酸素同位体比カーブから，多数の短周期の急激な変動 (亜間氷期，亜氷期) が見いだされた (図 A-3-5 の上から 4 段目). これらは Dansgaard and Oeschger cycles (D-O サイクル) と呼ばれ，12 万年前から 1 万年前までの間に 21 回の亜間氷期 (IS 1〜IS 21) が存在したことが明らかになった (Dansgaard *et al.*, 1993; North GRIP, 2004 など).

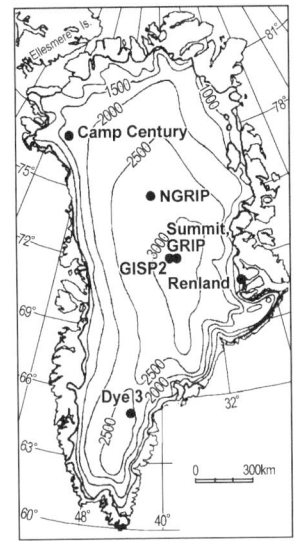

図 A-3-4 グリーンランドで採取された氷床コアの位置

このD-Oサイクルは，数100年から3000年ほどの短い期間で繰り返す急激な気候変動で，急速な温暖化とその後の比較的ゆっくりした寒冷化とからなる"のこぎりの歯"のような変化を示す．急速な温暖化は数10年以内で7℃（同位体比で5‰に相当）にも及ぶことで注目を集めた．当初，グリーンランドの氷床コアは氷床周辺部で採取されたが，氷の流動の影響を避けるため氷床の頂上部（Summit）でGRIPがとられ，さらにその後2地点（GISP 2, NGRIP）で採取されている（図 A-3-4）．

図 A-3-5には，北大西洋の海底コアとグリーンランドの氷床コア（Summit：GRIP）の分析結果が並べて示される．氷の酸素同位体比が寒冷を示すとき，極圏にすむ浮遊性有孔虫，*Neogloboquadrina pachyderma*（左巻き）は大多数を占め，温暖な時期には微少となる（図の2，3段目；これらの目盛は下向きであることに注意）．また，寒冷な時期にはIRDが増大するハインリッヒ・イベン

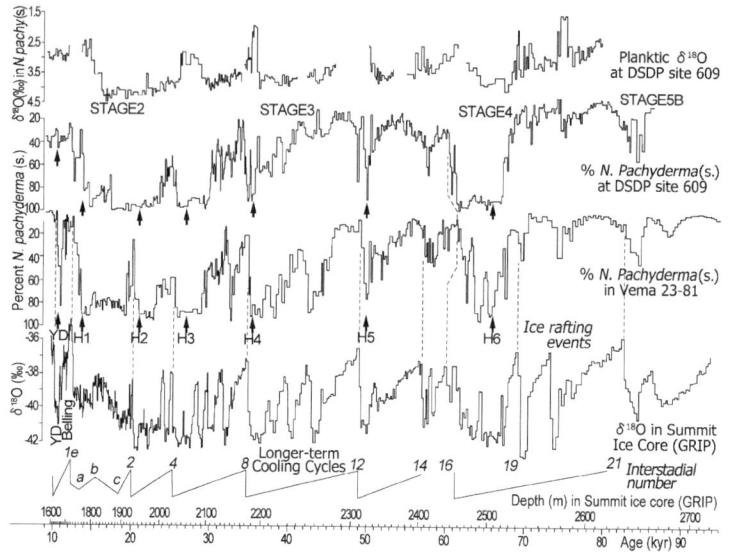

図 A-3-5 上から，北大西洋の深海底コアにおける極圏にすむ有孔虫の酸素同位体比変化，*Neogloboquadrina pachyderma*（左巻）の産出（北大西洋2地点の海底コア）と，グリーンランドの氷床コア（GRIP）の酸素同位体比変化（4段目）の比較（Bond *et al.*, 1993を修正）

ト（Heinrich Events：Heinrich, 1988）が認められる．これは，寒冷のピーク時に大量の氷山が生成されIRDが増大したことを意味する（図中のH1〜H6の位置）．

この短い変動はミランコビッチ・サイクルでは説明できない．多くの議論があるが，氷床が拡大する過程で最も厚く水平的にも最大に広がった段階で氷床が自律的に崩壊を起こすことによって急激な変動がもたらされる，という説明が有力である（その他の説については多田（1998）のレビューに詳しい）．氷床の大規模な崩壊は北大西洋に氷山の流出と淡水の供給をもたらし，北大西洋深層水（NADW：North Atlantic Deep Water）の形成と海洋の深層循環

コンベアベルト（Broecker and Denton, 1989）に大きな影響を与えたと考えられる．

　北大西洋で起こる D-O サイクルは北半球全域に，また全球に波及したのであろうか．多くの海域で同様な変動が認められるようになってきたが，日本海でも海底コアの明暗縞について D-O サイクルと同調することが示された．すなわち，暗色縞が D-O サイクルの温暖期に対比され，東シナ海沿岸水の流入にともなって起こった生物生産の増加と密度成層構造の強化の結果であり，東シナ海沿岸水の流入はアジア大陸内陸部の湿潤化にともなう黄河や揚子江の流出量の増加によると推論された（多田，1998 など）．

　中国大陸のレス堆積物や日本列島の湖沼堆積物にもほぼ対応する変動が認められている（Porter and An, 1995；公文ほか，2009）．

A-3-6　LGM からヤンガードリアス期を経て完新世へ

　最後の間氷期である完新世は，現在の人間が生活する時代として，また将来の地球環境を考える意味でも，この時代がいつどのように成立し，どのような環境変化を経てきたかを知ることは重要なので，最終氷期最寒冷期（LGM）からみていくことにする（表 A-3-1）．

（1）　LGM（Last Glacial Maximum：最終氷期最寒冷期）

　3 万年前のやや後から，最終氷期で最も寒冷な時期，LGM が始まった．ちょうどその頃に日本列島では姶良カルデラの噴火が生じ，後述する AT 火山灰が広域に降下堆積した．五十嵐（2009）によると，鹿島沖コアの花粉分析結果から AT 火山灰（28-29 ka）の降下直後から，モミ属 *Abies*，ツガ属 *Tsuga*，トウヒ属 *Picea* の花粉が急増し，最終氷期の最寒冷期に突入したことが明瞭にわかる．*Tsuga* や *Picea* は 1 万 5000 年前ごろから減少を見せ，代わりにコナラ亜属（*Quercus* subg. *Lepidbalanus*）やカバノキ属 *Betula* が増加していく．

　1 万 9000 年前頃から地球は温暖化に向かうが，1 万 4500 年前頃

急激な温暖化が始まる．これはベーリング・アレレード亜間氷期（B/A，IS 1）と呼ばれ，大陸氷床の急激な融解（融氷水パルス1A；MWP-1 A），海水準の急上昇と対応する（横山，2002）．

（2） ヤンガードリアス期

ベーリング・アレレードの温暖期は突然の寒冷期に移行する．これがヤンガードリアス期である（Younger Dryas Event）．"寒の戻り"と呼ばれることもある．グリーンランドの氷床コアではcal. 1万2800～1万1700（1万1650）年前の約1100～1150年間，きわめて寒冷な気候が支配した．この寒冷期は1万1700年前より急激な温暖期に変わっていく．これが後述する完新世の始まりである．急速な融氷が進み海面も急上昇した．

この寒冷期がなぜ起こったかについては複数の説がある．これまでの代表的な考え方は，北米大陸において融氷期にローレンタイド氷床の周囲に融氷水が溜まって形成された Lake Agassiz などの巨大湖沼群から大西洋や北極海へ淡水の急激な流出があったというものである．これによって，海洋の表層は冷たい淡水で覆われ，冷却されるとともに熱塩循環もストップし，急激な寒冷化が進んだとする（Broecker *et al.*, 1989）．これに対して近年，地球外（宇宙）起源物質（ET：extraterrestrial）の降下によるという新しい説が出て論議を呼んでいる（Firestone *et al.*, 2007）．

（3） 完新世の始まりと完新世の気候変動

完新世の始まりは，このヤンガードリアス期の寒冷期の終わりから始まる急激な温暖化の開始におかれる．

更新世と完新世の境界については2008年5月に，グリーンランドの North GRIP 氷床コアにおけるヤンガードリアス期が終わって温暖になり始める時期として，11,700 calendar yr b 2 k (before AD 2000)，すなわち1万1700年前を基準とする提案がIUGSにおいて批准された（Walker *et al.*, 2009）．

このコアでは，10,347 cal. yr b2k の Saksunarvatn Ash と12,171 cal. yr b 2 k の Vedde Ash の間に境界が確認される．この

表 A-3-1 最終氷期最盛期から完新世の開始期にかけての年表（秋山，2010：Cronin，2009 をもとに作成）

イベント	略号	年代(ka)*	備考**
8.2 ka 事件	8.2 ka	8.0-8.6	寒冷期，北半球で平均気温 2℃の低下
9.3 ka 事件	9.3 ka	9.3	寒冷期，北半球で平均気温 2℃の低下
ボレアル期	-	8.5-11.3	完新世の開始期，花粉帯 V
前ボレアル変動期	PBO	11.3-11.5	冷涼期，花粉帯 IV
新ドリアス期	YD	11.5-12.9	H-0 事件，気温低下 10℃，花粉帯 III
アレレード期の寒冷期	IACP	13.3-13.4	スウェーデン，デンマーク（花粉帯 II）で設定
古ドリアス期	OD-2	13.9-14.1	花粉帯 1 c
ベーリング/アレレード期	B/A	14.65-12.9	現在は両者を合わせての温暖期，花粉帯 1 b
最古ドリアス期	OD-1	14.7-15.7	花粉帯 1 a
ハインリッヒ事件 1	H-1	16.5-17.5	6℃低下（大西洋の海面温度）
最終氷期最盛期	LGM	19-23	現在よりイギリス諸島 12℃，南イタリア 8℃低下
ハインリッヒ事件 2	H-2	24-26	4-5℃低下（大西洋の海面温度）

* ka は年代の単位 1000 年前，** 花粉帯はデンマークの花粉層序
　完新世はボレアル期から始まる．ただし，最新の第四紀年代表によれば，完新世は西暦 2000 年を基準に 1 万 1700 年前から始まるとされている．

2 つのテフラは陸上や北大西洋の海底コアに広く含まれる (Davies *et al.*, 2002). yr b 2 k は AD 2000 年を基準とする暦年である．ヤンガードリアスにあたる Greenland Stadial 1 (GS-1) から完新世にかけて，氷の酸素同位体比の明瞭な変化，ダストの減少，過剰 δD（急速な蒸発が起こる時に δD は高くなる）などから境界は明瞭である．この模式地はグリーンランド中央部の Bore-

hole NGRIP 2（75.10°N，42.32°W）で，境界の深度は 1,492.45 m である．

　以上の定義は気候変動に基づく物理化学的パラメータに基づいており，一般の地質時代区分からはきわめて異質であるうえ，グリーンランドで採取された氷床コアである．そこで，生物層序との関連のつきやすい副模式地（auxiliary stratotype）が5カ所設定された．ヨーロッパでは Eifelmaar（Germany），北米大陸では Splan Pond（Canada），アジアからは日本の水月湖，オセアニアからは Lake Maratoto（New Zealand），深海底からは Cariaco Basin（off Venezuela）が選定されている．

　このように，更新世の始まり，完新世の始まりともに気候変動に基づいて決定されたことになる．

（4）　完新世の気候変動

　完新世の気候は，グリーンランドのアイスコアに見られるようにきわめて安定していたと考えられてきた．しかしその中にも，前半のヒプシサーマル（温暖期），8200年前頃の急激な寒冷期，ネオグラシエーション，中世温暖期，小氷期などがさまざまな手法に基づいて知られてきた．これらの変化を引き起こした要因はまだ十分には解明されていないが，近年重要な議論がなされつつある．

　近年，最終氷期から完新世にわたって約1500年の周期の気候変動が継続して存在したという説が提起され，注目を集めている．Bond $et\ al.$（1997，2001）は，北大西洋の深海底コアの氷山の流出に由来する粗粒粒子（IRD）を調べ，完新世にも1500（〜1000）年周期の変動が9回繰り返されたことを明らかにした（ボンド・サイクル）．その年代は，1万1500，1万500，9500，8000，6000-5500，4200，2600，1400，650-年前を中心とする（図A-3-6）．この変動は北大西洋における氷山の流出をきっかけに急激に起こるもので，表層への淡水の供給から，深層水の形成に至り，広域に波及する．

　Bond $et\ al.$（2001）は，この変化のパターンが太陽活動の盛衰を

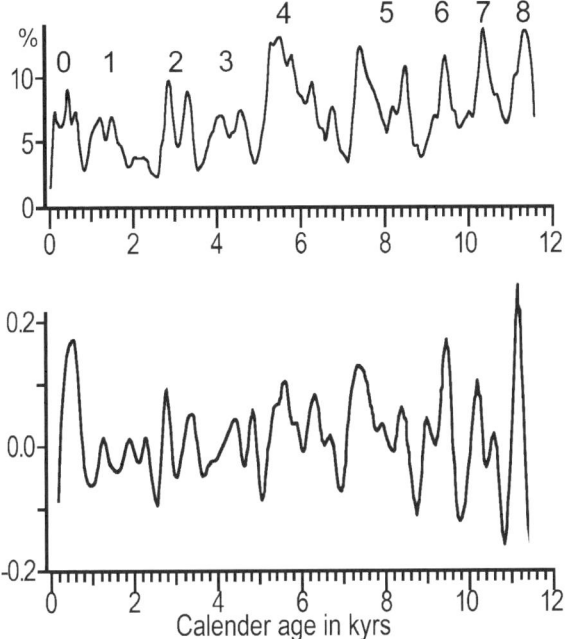

図 A-3-6 ボンドによる 1500-1000 年サイクルの気候変化（Bond *et al.*, 2001 を修正）
上：IRD の変化，下：^{14}C の生成率（atoms/cm²/sec）の変化（Stuiver *et al.*, 1998）
下図の縦軸は，規格化された^{14}C 生成率

示すとされる^{14}C や^{10}Be の変化とほぼ一致することを明らかにした．太陽活動の活発な時期には太陽風などの影響で，宇宙で生成される^{14}C や^{10}Be は地球上にあまり落下してこないが，太陽活動が弱まるとこれらは多く落下する．つまり IRD が増加する寒冷な時期に，^{14}C や^{10}Be も増加しているので，IRD の増大は太陽活動の弱い時期と対応することになる．図 A-3-6 の完新世の 9 回（8 から 0）の寒冷期のうち，0 とつけられたものが最後の小氷期にあたる．

しかし，太陽活動の変化が直接地球に与える影響はそれほど大き

くないと考えられており，太陽活動そのものが地球の気候変動を引き起こしたとは考えにくい．そのため，Bond *et al.*（2001）は，太陽活動はそのきっかけを与えたもので，そのきっかけから気候変動が拡大し，広く波及していく仕掛け（フィードバック・メカニズム）が存在したと考えた．その仕掛けの1つが深層水の形成と熱塩循環である．海洋と大気を通じてのその波及のメカニズムについては今後のさらなる研究が必要とされる．

　日本近海の海底コアによる分析結果に頻繁な環境変動が認められ，Bondの1500〜1000年サイクルとの関連が議論されている（小泉・坂本，2010）．ほぼ同様の周期をもつ変動がMIS 5 eにも認められることや，1500〜1000年という周期は最終氷期のD-Oサイクルと基本的に似ていることも，その関連で注目される．多田（1998）はD-Oサイクルの要因としての可能性を指摘している．

　将来の温暖化や気候変動が問題になる中で，直近の過去における気候変動の理解は欠かすことのできない課題である．

A-4　活火山と噴火現象・噴火様式の分類

A-4-1　活火山の定義

　火山の分類では，活火山，休火山，死火山という名称を聞くこともある．しかし噴火は頻繁に発生するとは限らず，時には数百年〜数千年の間隔で発生するため，人間の時間尺度で火山が「休んでいる」とか「死んだ」と認定するのは困難である．そのため気象庁では，現在活動的な火山や将来噴火しそうな火山を活火山（active volcano）と定義し，それ以外は単に火山として扱っている．

　活火山の定義も時代とともに変化してきた．最初の定義（1975年）は「噴火の記録のある火山及び現在活発な噴気活動のある火山」であったが，2003年には「概ね過去1万年以内に噴火した火山及び現在活発な噴気活動のある火山」と改正され，108の活火山が認定された（後見返し）．2011年には3火山が追加認定されたが，風不死岳は既存の樽前山に含まれることとなり，活火山の総数は110となった．ただしこの中には，北方領土の11火山が含まれている（気象庁（2005）を参照）．

A-4-2　噴火現象の分類

　地下深部で溶融状態にある岩石物質をマグマ（magma）という．噴火とはマグマあるいはマグマに起因した物質が，ある程度のスピードで地表に噴出する現象である．噴火現象の分類では，まず実際にマグマが噴出したかどうかによって，マグマ噴火（magmatic eruption）と水蒸気噴火（phreatic eruption）とに大別される．マグマ噴火の噴火様式はマグマの性質によって大きく変化する．また，マグマに外来水が関与すると，非常に爆発的となることがあり，水蒸気マグマ噴火（phreatomagmatic eruption）と呼ばれる．

A-4-3 水蒸気噴火

噴火前に地下浅所に達したマグマの熱で地下水が加熱され，その結果生じた水蒸気がもとで小噴火することがある．このような噴火は水蒸気噴火（爆発）と呼ばれ，一般に噴出量も少ない．噴出物は既存の山体や基盤岩の破片からなるが，活動が長期化するとごく微量のマグマ物質が検出されることもある．しかしその場合でも水蒸気噴火と呼ぶべきである．なお地熱地域でも，豪雨や地すべり等で噴気経路が遮断されると，水蒸気爆発が発生する．ただしこの場合には，当然のことながらマグマ物質は検出されない．

A-4-4 マグマ噴火

噴出物の大部分がマグマ起源であれば，マグマ噴火と呼ばれる．マグマに多量の火山ガスが含まれていれば爆発的（explosive）噴火となるが，マグマが火口に到達するまでに火山ガスが失われれば，流出的（effusive）噴火が主体となる（図 A-4-1）．

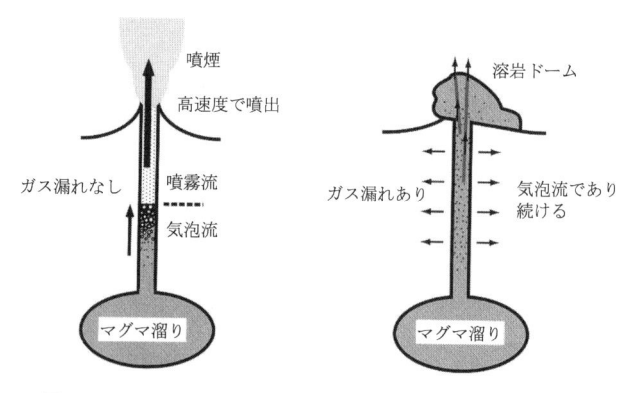

図 A-4-1 爆発的噴火と非爆発的噴火の違い（小屋口，2005）

図 A-4-2 代表的な噴火様式

左上から時計回りに，ハワイ式噴火（小規模な溶岩噴泉：ハワイ），ストロンボリ式噴火（ストロンボリ火山），ブルカノ式噴火（桜島火山 1985 年，以上は小林哲夫撮影），プリニー式噴火（桜島火山，1914 年：鹿児島県立博物館）

A-4 活火山と噴火現象・噴火様式の分類　27

大規模な噴火では，マグマ溜りの上部に火山ガスが濃集しているため，爆発的な噴火で始まり，次第に流出的な噴火（溶岩の流出）に変化して終了することが多い．爆発的噴火の最中や，その後に火砕流噴火をともなうこともある．このような一連の噴火を「1輪廻の噴火」と呼ぶ．しかし，なかには爆発的な噴火のみで活動を終わり，溶岩流をともなわないこともある．

爆発的な噴火様式の分類では，ある火山で特徴的に発生する（発生した）噴火様式をタイプとし，その火山の名前などをつけて呼ぶことがある．たとえばハワイ式噴火（hawaiian eruption），ストロンボリ式噴火（strombolian eruption），ブルカノ式噴火（vulcanian eruption）がその例である（図A-4-2）．ただし，プリニー式噴火（plinian eruption）の「プリニー」は火山名でなく，イタリア，ベスビオ火山の西暦79年噴火で救助を指揮した大プリニウスと，その甥で噴火の詳細を記述した小プリニウスの名に由来する．

ハワイ式噴火は，ハワイのキラウエア火山などで頻繁に発生している．高温で粘性の低い玄武岩質マグマに特徴的な噴火様式である．噴火の初期にはマグマがしぶきのように噴出する溶岩噴泉（lava fountain）が発生する．伊豆大島・三原山の1986年噴火の初期にも，溶岩噴泉をともなう活動があった．

ストロンボリ火山およびブルカノ火山は，ともに地中海の火山島である．前者は紀元前から日に何度も小噴火を繰り返しており，夜間には航海の目印となるため「地中海の灯台」とも呼ばれる．ストロンボリ式噴火は玄武岩〜玄武岩質安山岩のマグマ噴火に特徴的であり，爆発の勢いは小さく噴出量も多くない．日本では阿蘇・中岳や諏訪之瀬島・御岳でこのタイプの噴火が発生する．

一方，ブルカノ式噴火は激しい爆発が特徴であり，激しい空振をともない，噴煙が数千mもの上空に達する．火山弾や火山岩塊を弾道放出するとともに，多量の火山灰を噴出する．緻密な本質物質とともに発泡した軽石を噴出することも多い．安山岩〜流紋岩質マグマの火山で発生しやすい．ブルカノ火山は現在は活動的でない

が，英語の火山（volcano）の語源となった山であり，ローマ時代には爆発的な噴火を繰り返した．日本では桜島火山や浅間山の山頂火口での爆発がブルカノ式噴火の例である．日本ではマグマ噴火の１タイプとみなされているが，ヨーロッパなどでは水蒸気マグマ噴火に分類されている（Walker，1973；Wright *et al.*，1980）．

　プリニー式噴火は規模の大きな軽石（スコリア）噴火であり，噴煙が数 10 km の高さに達することもある．噴出量は 100 km^3 を超えるものもある（Kobayashi *et al.*，1983）．噴出量が 0.1 km^3 未満であれば，準プリニー式噴火（sub-plinian eruption）として区別される．また超プリニー式噴火（ultraplinian eruption：Walker，1980）は，通常のプリニー式噴火以上に爆発的で粉砕度の高い軽石噴火であり，厚さの割にはより広範囲にテフラが降下する．ニュージーランドのタウポ降下軽石がその典型例である．

　このように，噴火を固有名詞で分類すれば，直感的には理解されやすいが，模式地とされた火山がいつも同じタイプの噴火をするとは限らない．また，噴火様式は時間の推移とともに変化する（たとえば，爆発的噴火から流出的噴火への変化）．そのため，噴火で発生する個々の現象（火砕流，溶岩流，泥流など）を記号化し，時間順に列記する方法もある（Simkin *et al.*，1981）．

A-4-5　水蒸気マグマ噴火（マグマ水蒸気噴火）

　マグマに外来水が関与すると，通常の噴火以上の爆発的な噴火をすることがあり，マグマ水蒸気噴火と呼ばれることが多い．しかし英語表記は"phreatomagmatic eruption"であり，「水蒸気マグマ噴火」という名称が本来の意味を正確に伝えているものと思われる．この噴火では水冷破砕を受けた細粒なテフラが多量に生産される．しばしば「爆発」という言葉が使われるが，大きな爆発音をともなわないこともある．そのため「噴火」という表現が適切である．

　水蒸気マグマ噴火は，玄武岩から流紋岩まで，すべての組成のマグマで発生しうる．本来は穏やかなストロンボリ式噴火をする玄武

岩質マグマでは，非常に爆発的な噴火となり，ベースサージ（base surge）を発生させるなどマグマ噴火とは際だった対照をなす．しかし安山岩〜流紋岩質マグマでは，もともと爆発的なこともあり，水蒸気マグマ噴火でも格段に激しい噴火になるわけではない．

　水蒸気マグマ噴火は，浅海域〜海岸付近，河川や湖沼付近，火口湖，カルデラ湖など，外来水の豊富な環境下で発生しやすい．スルツェイ式（surtseyan）噴火では，土砂噴出状の噴煙（コックステイルジェット：cock's tail jet）をあげ，その噴煙からベースサージが発生する．ただしコックステイルジェットとベースサージは水蒸気マグマ噴火に特有の現象ではなく，水蒸気噴火でも発生する（図 A-4-3）．噴火がより爆発的になると，高い噴煙をあげるとともに，広域に広がるベースサージを発生させる（山元，1989）．

図 A-4-3 水蒸気噴火で発生したコックステイルジェット（左）と，基底に広がるベースサージ（2001 年 9 月 21 日，小笠原硫黄島，海上自衛隊提供）

珪長質マグマで同じタイプの噴火が発生した場合，膨大な量の細粒テフラが生産され，広域に薄く分布することがある．このような噴火様式を水蒸気プリニー式噴火（phreatoplinian eruption）と呼ぶ（Self and Sparks, 1978）．

A-4-6 噴火時に観察される諸現象

図 A-4-4 に，噴火時に観察される代表的な現象を図示した．火山の地下数 km～10 km の深さには，マグマが蓄積されたマグマ溜り（magma reservoir, magma chamber）が存在する．噴火時にはマグマは火道（vent）を上昇し，その途中で破砕・爆発する．火口（crater）からは，噴煙柱（eruption column）が立ち上る．上昇する噴煙とは別に，弾道軌道を描いて落下する大きな岩塊（数 10 cm～数 m）があり，放出岩塊（ballistic block）あるいは火山弾（volcanic bomb）と呼ばれる．これら空中に放出されたマグマの破片（粒子）は，火山砕屑物（pyroclastic materials）あるいは

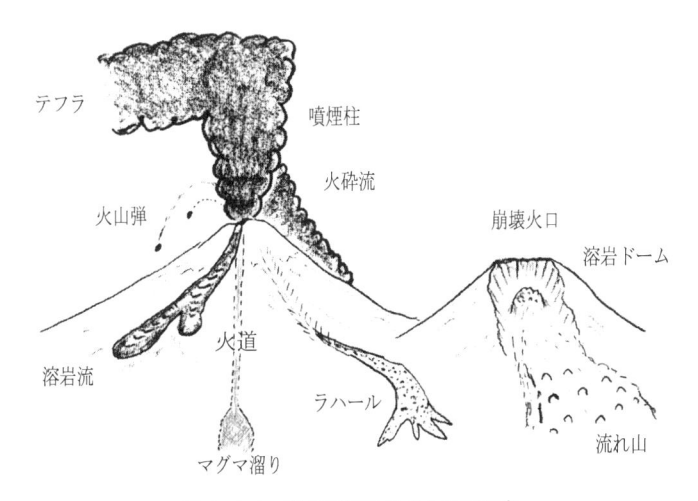

図 A-4-4 噴火時に発生する火山現象

テフラ（tephra）と呼ばれる．噴煙が上昇しきれずにそのまま崩れ落ちる現象は噴煙柱崩壊（column collapse）と呼ばれ，崩壊物質が火山斜面をなだれくだると火砕流（pyroclastic flow）となる．

　大規模な噴火では，爆発的な噴火の後に溶岩（lava）が流出する．粘性の低い溶岩は溶岩流（lava flow）となって流下するが，高粘性の溶岩は火口周辺に蓄積し溶岩ドーム（lava dome）を形成する．急な斜面上に生じた溶岩ドームの側面や溶岩流の先端が崩れた時にも，火砕流が発生する（B-10-1 参照）．

　山体に降り積もった噴出物は，雨などの流水により噴火時だけでなく噴火後の長期にわたって流出する．それらは一括してラハール（lahar）と呼ばれる．また山体が大規模に崩壊すると，岩屑なだれ（debris avalanche）となって流下する．山頂部には崩壊火口（馬蹄形火口，amphitheater, horse-shaped crater）が出現し，岩屑なだれ堆積物の表面には小丘のような流れ山（flow mound）が点在する．

A-5 火山噴出物の分類

　火山噴出物には，爆発により火口から放出される火山砕屑物と，流出する溶岩とに大別される．ここでは火山砕屑物について記載し，溶岩については別項（B-12）で述べる．

　火山砕屑物（火砕物）は，テフラ（tephra）とも総称される．それゆえテフラは運搬・定置様式とは無関係な用語であるが，実際には降下性の噴出物のみをテフラを呼ぶことも多い．そこで混乱を避けるために「降下テフラ」を使用すれば，火砕流堆積物と明確に区別することができる．

　テフラはすべてがマグマ起源とは限らない．マグマに直接由来した物質は本質（essential），既存の火山体の岩片であれば類質（accessory），基盤岩起源のものは異質（accidental）と形容される（例：本質物質，異質岩塊など）．噴出物が堆積岩や変成岩であれば，異質物質とすぐわかる．火山岩類でも本質物質と類質・異質物質との識別は，風化作用（時には熱水変質作用）の有無によりある程度は識別可能である．しかし，火山岩類が類質か異質かの判断は周辺の地質を考慮しなくてはならず，判断しにくいこともある．

　表 A-5-1 にテフラとその堆積物の分類を示す．テフラの分類は，粒径，外形（内部構造），発泡の有無などに基づいて行われるのが一般的である．

A-5-1　粒径に基づく分類

　成因などを考慮せず，単に粒径のみで分類すれば，大きなほうから火山岩塊（block：＞64 mm），火山礫（lapilli：64 mm〜2 mm），火山灰（ash：＜2 mm）に区分される．火山灰は粒径が2 mm 以下から非常に細粒なものまで変化に富む．そのため火山砂，

表 A-5-1 テフラと堆積物の分類（荒牧，1979に一部加筆）

テフラ（火山砕屑物：tephra or pyroclastic material）

粒子の直径	粒子が特定の外形や内部構造をもたないもの	粒子が特定の外形（構造）をもつもの	粒子が多孔質のもの
>64 mm	火山岩塊 (volcanic) block	ジョインテッドブロック jointed block 火山弾 volcanic bomb スパター spatter	軽石 pumice
64〜2 mm	火山礫 lapilli		スコリア scoria
<2 mm	火山灰 (volcanic) ash	ペレーの毛 Pele's hair ペレーの涙 Pele's tear	

火砕岩（pyroclastic rock）

粒子の直径	粒子が特定の外形や内部構造をもたないもの	粒子が特定の外形（構造）をもつもの	粒子が多孔質のもの
>64 mm	火山角礫岩 volcanic breccia 凝灰角礫岩 tuff breccia	凝灰集塊岩 agglomerate	軽石凝灰岩 pumice tuff
64〜2 mm	ラピリストーン lapillistone 火山礫凝灰岩 lapilli tuff	アグルチネート agglutinate	スコリア凝灰岩 scoria tuff
<2 mm	凝灰岩 tuff		

火山シルト，火山粘土などと細分することもある．微粒な火山灰は単独粒子として降下するより，互いに凝結した集合体，あるいは泥滴となって降下する．また，結晶・小岩片や水滴を核に細粒火山灰が同心円状に付着すると火山豆石（accretionary lapilli）となる．小豆大のものが多いが，時にはうずらの卵ほどの大きな火山豆石も存在する．

A-5-2 外形（内部構造）に基づく分類

　ハワイ式噴火では，スパター（spatter）とともに，ペレーの涙（Pele's tear）やペレーの毛（Pele's hair）などが出現する（図A-5-1）．スパターは着地した時にも液滴状態を保っており，偏平に押しつぶされたような形態となる．ペレーの涙はマグマ表面から飛び跳ねた液滴（マグマのしぶき）に相当する部分であり，そこから尾をひいたガラス繊維がペレーの毛である．ペレーの涙は丸く黒光りしているが，ペレーの毛は金髪のような色調である．

　火山弾（volcanic bomb）とは長径が64 mm以上で，特定の外形と内部構造をもったマグマの破片であり，紡錘状火山弾（spindle bomb）とパン皮状火山弾（bread-crust bomb）が代表例である（図A-5-2）．玄武岩質マグマの噴火（特にストロンボリ式噴火）では，紡錘状火山弾が放出される．マグマに取り込まれた岩片・岩塊にマグマが付着し丸まったものであり，同心円状の構造を示す．放出される際に両端がねじり切られて紡錘状の形態となり，飛行中や着地後に変形はしない．

　一方，パン皮状火山弾は安山岩〜流紋岩質マグマのブルカノ式噴

図 A-5-1　ペレーの毛（左）とペレーの涙（右）
ともにハワイ島キラウエア火山にて採取．

図 A-5-2 紡錘状火山弾(上)とパン皮状火山弾(下)

上段左は三宅島 1983 年噴出物，上段右は長崎県諫早市竹島産の小型火山弾，下段左は薩摩硫黄島産のパン皮状火山弾，下段右は桜島産の異質火山礫．

火で発生しやすい．外側は緻密な急冷相(ガラス質の殻)に覆われているが，内部は多孔質になっている．放出岩塊の定置後に，内部の火山ガスが徐々に膨張し，固結した表面部分に伸張割れ目が生じたものである．古い餅を焼いた時の形状に似ている．このようなパン皮状の亀裂は定置した火山弾の上面側によく発達する．

異質物質がマグマによって加熱され，部分溶融の状態で放出された場合にも，異質のパン皮状火山弾や膨れ菓子状の火山礫が噴出する．急冷部は瀬戸物と似ており，セラミサイト(ceramicite)と呼ばれる．

このほか，パン皮状火山弾と形態は似ているが，内部が発泡していない緻密な岩塊をジョインテッドブロック(jointed block)と呼ぶ(図 A-5-3)．岩塊の表面は平滑な面で囲まれており，その面から内部に向かって垂直に冷却節理(収縮割れ目)が発達している．このような岩塊は，冷却節理が発達した火口内の溶岩が爆発により放出された場合，あるいは溶岩ドームが崩壊した場合に生じる．落

図 A-5-3 ジョインテッドブロック（由布火山南西山麓の火砕流堆積物の表面に点在）

下時あるいは運搬時の衝撃により節理面が大きく開き，パン皮状に見える．特定の外形を有しているが，放出時には完全に固結しているため火山弾とはいえない．火山弾などの分類の詳細については，Yamagishi and Feebrey（1994）を参照されたい．

A-5-3　発泡の有無に基づく分類

多孔質で白〜灰色のものは軽石（pumice），暗色あるいは赤〜褐色のものはスコリア（scoria）と呼ばれる．安山岩やデイサイト，流紋岩質マグマの噴出物は軽石になりやすく，玄武岩質マグマではスコリアとなりやすい．著しく発泡したものはスレッドレーススコリア（thread-lace scoria, reticulite）と呼ばれ，密度が $0.3\,\mathrm{g/cm^3}$ ほどのものもある．泡だらけの気泡の集合体であり，気泡の隔壁がやぶれ網目状になって連結している部分も多い．そのため軽いにもかかわらず，すぐに水に沈んでしまう．珪長質な凝灰岩が再溶融した噴出物も著しく発泡することがある．それらはスレッドレース軽石と呼ぶべきであろう．

A-5-4　運搬様式に基づく分類

前記したように，テフラとはマグマの破片の総称であるが，ここでは運搬様式により，降下テフラと火砕流とに区別して記載する（図 A-5-4）．

降下テフラは上空の風により運搬され，旧地形を被覆するように堆積する．しかし火砕流は粉体流であるため，堆積物は低地を埋め立て，比較的平坦な地形を形成する．火砕流堆積物の規模が大きくなると，小さな起伏を覆って広大な火砕流台地を形成する．図 A-5-5 は，降下テフラ層の集積した地形を覆うタウポ火砕流堆積物の露頭写真である．降下テフラは旧地形を薄く被覆し，火砕流堆積物がその地形を埋め立てているのがわかる．

なおテフラの運搬には，サージと呼ばれる様式も存在する．乱流状態の火山灰が定置するケースで，降下テフラと火砕流の中間的な堆積様式を示す．堆積物には斜交構造が発達し，地形の高まりでは薄く，窪地には厚く堆積する傾向がある（B-11-1 を参照）．

堆積物の内部構造にも違いが認められる（図 A-5-6）．降下テフラは運搬過程で分級されるため，粒ぞろい（淘汰がよい）の堆積物となる．粒子は角ばっており，粗い堆積物では粒子と粒子が重なりあい，粒子間には空隙が存在する．このように粒子と粒子が互いに支えあう状態を粒子支持（grain-supported）という．透水性はよ

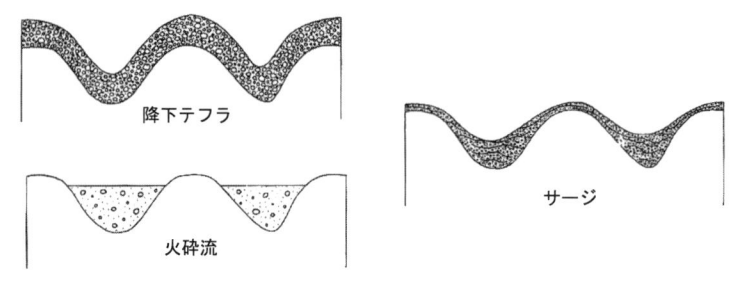

図 A-5-4　降下テフラ，火砕流およびサージの堆積様式（Wright *et al.* (1980) を一部修正）

図 A-5-5 タウポ火砕流堆積物に覆われる降下テフラ層群
ニュージーランド北島中央部，トンガリロ火山の北側山麓．

いが，保水性に乏しい．また，堆積物としては非常に崩れやすい．一方，火砕流堆積物は円磨した軽石や岩塊とその細粉（火山灰）の混合物であり，火山灰からなるマトリクス部分の占める割合が高くなる（淘汰が悪い）．大きな粒子は基質支持（matrix-supported）の状態であり，堆積物としては保水性に富み，降下テフラよりも崩れにくい．

A-5-5 火山砕屑岩の分類

火山噴出物（テフラ）のうち，陸上での堆積物（岩石）を火山砕屑岩（火砕岩：pyroclastic rock）と呼ぶ．また，テフラが流水で運ばれ再堆積した場合にも，火山岩起源の堆積岩が形成される．このような2次堆積による砕屑岩と火砕岩を一括して，火山性砕屑岩（volcaniclastic rock）と呼ぶ．なお水域での噴火では，テフラが初生的に水中に堆積する．それらは水中火砕岩（subaqueous pyro-

図 A-5-6　降下テフラ（左）と火砕流（右）の堆積構造の違い

clastic deposit）と呼ばれ，火山性砕屑岩と区別することもある．

　火山砕屑岩の分類もテフラの区分に対応するように，主に構成物質の粒径に基づいて分類されている（表 A-5-1，図 A-5-7）．粒径により火山角礫岩（volcanic breccia），ラピリストーン（lapillistone），凝灰岩（tuff）に 3 大別され，さらに基質の割合が多くなると凝灰角礫岩（tuff breccia），火山礫凝灰岩（lapilli tuff）などと呼ばれる（図 A-5-7 参照）．

　このような堆積物のうち，火山弾が含まれるものは凝灰集塊岩（agglomerate）として区別される．火山弾の多くは火口近くに落下するため，凝灰集塊岩は火口近傍の堆積物と特定できる．またアグルチネート（agglutinate）とは，降下した火砕物が溶結した岩体であり，その分布もやはり火口周辺に限定される．

　新しい火山では噴出物が未固結の状態で堆積していることも多

A-5 火山噴出物の分類

```
              火山岩塊,火山弾
                 >64 mm
                    ▲
                   /△\
                  /火山角礫岩\
                 /(volcanic\
                /  breccia) \
               /─────────────\
              /   凝灰角礫岩    \
             /  (tuff breccia)  \
            /───────────────────\
           /ラピリ\ 火山礫凝灰岩 /    \
          /ストーン\(lapilli tuff)/凝灰岩\
         /(lapillistone)/       /(tuff) \
        ─────────────────────────────────
    64〜2 mm                         <2 mm
     火山礫                          火山灰
```

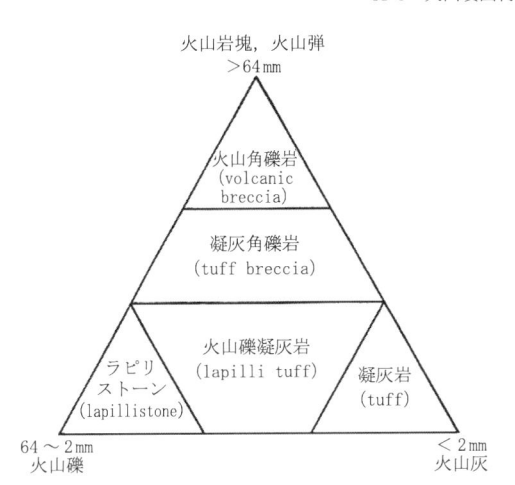

図 A-5-7　火砕堆積物の粒度構成による分類（荒牧，1979を一部修正）

い．実際に野外でテフラを記載するときには，粘土質火山灰，砂質火山灰（火山砂），ガラス質火山灰，結晶質火山灰のように，粒径と粒子の特徴をあわせた呼び方をもちい，後ろに「堆積物」とか「層」をつけて呼ぶことが多い（・・火山灰層）．また，テフラの運搬・堆積様式の違いによって，降下テフラ堆積物（降下軽石層），火砕流堆積物などと呼ぶこともある．火砕流堆積物は粒度構成では凝灰角礫岩に分類されるものが多い．

　なお，マグマ物質の破砕は爆発だけでなく，溶岩が流動することによる表面の破砕，溶岩が外来水と接触することによる水冷破砕などがある．このような破砕の原因を考慮する時は，爆発破砕（pyroclastic），自破砕（autoclastic），水冷破砕（hyaloclastic）等の形容詞を用いて区分する．

B-1 テフロクロノロジー

B-1-1 広域テフラ

　丹沢山地の古富士テフラ中の白色細粒火山灰層（丹沢火山灰）が，九州の姶良カルデラから噴出した入戸火砕流噴火に由来するco-ignimbrite ash fallであると提唱されたのは1976年であった（町田・新井，1976；1992）．この日本列島各地，日本近海から大陸東岸にまで分布する姶良Tn火山灰（AT）は，約2万9000年前（LGMの寸前ないし始まり頃）を示す優れた鍵層として，日本の

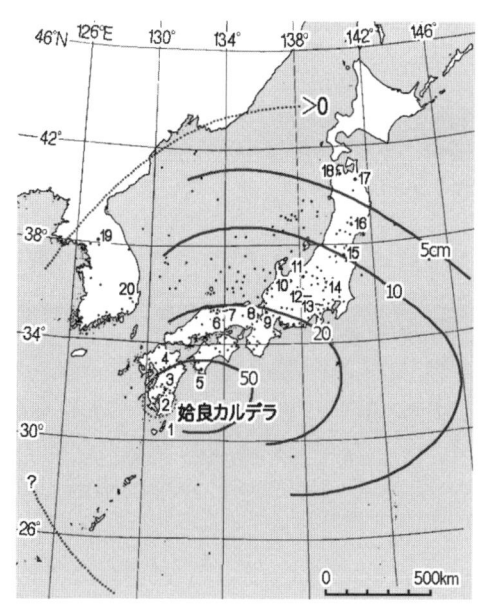

図B-1-1　AT（姶良Tn）火山灰の分布（町田・新井，1992；2003を修正）

図 B-1-2 富士山の古富士テフラと，その間に挟在される AT テフラ（矢印）

テフラを代表する（図 B-1-1，-2）．このように一つの地方を越えて広く分布するテフラを広域テフラと呼ぶ．また，テフラを用いて，地層・地形の編年をしたり，気候変動，海水準変動，動植物化石や考古遺物などの産出層準をテフラで決める手法を，テフロクロノロジー（火山灰編年法）と呼ぶ．テフラの数値年代が求められていれば，テフラの挟在によって数値で年代を表すことができる．広域テフラは同時間面を広域で知ることができ，テフロクロノロジーのうえで最も有用なものであるが，火山の周辺に分布する"ローカルテフラ"も個々の地域の中で役立つことが多く，通常は広域テフラと組み合わせて威力を発揮する．特に火山活動史の解明にとってもテフラはきわめて有効である．

B-1-2 テフラとテフロクロノロジー

テフラ（tephra）は灰を意味するラテン語に由来するが，現在では火山噴火により生ずる砕屑物全般を指す用語として用いられる．火山砕屑物，火砕物と同義である（テフラ：A-4 を参照）．

AT の発見を機に日本列島各地で広域テフラが次々に発見・認定

された．K-Ah（鬼界・アカホヤテフラ），Aso-4（阿蘇4火山灰），K-Tz（鬼界・葛原テフラ），DKP（大山・倉吉テフラ），BTm（白頭山・苫小牧火山灰）など枚挙にいとまがないが，「火山灰アトラス」（町田・新井，1992；2003）に詳しくまとめられている．

過去10万年間だけでも15にあまる広域テフラ，過去260万年間では50を超える広域テフラが明らかにされてきた．テフラを抜きにして第四紀の地質層序や地形面の編年を語ることはできない．

2011年3月11日に東日本を襲った巨大地震・津波の際には，十和田A火山灰（To-a）を鍵層として，貞観の津波堆積物が宮城県から福島県にかけて広く分布することから，AD 869年に日本海溝に沿う巨大地震があったことがすでに推定されていた（澤井ほか，2006；宍倉ほか，2007）ことが話題になったが，テフラの広域的同時性が活かされた好例である．対応が間に合わなかったことが惜しまれる．

以上のように，テフラ，テフロクロノロジーの利点は以下のようにまとめられる．

a．テフラは異なる地点の間で同一時間面を精度よく示す鍵層となる．この同時性はさまざまな方法の中で最も優れている．

b．多くのテフラはさまざまな手法により数値年代や相対年代が決定可能であり，その結果として優れた年代指標となる．

c．陸上のテフラを海底コア・氷床コアに追跡することによって，酸素同位体カーブによる気候変動に位置づけ，同時に同位体ステージに基づく年代を知ることができる．

d．テフラに基づいて火山活動史を把握することができる．火山災害のハザードマップに応用できる．

e．テフラを通じて気候変動における火山噴火の役割を検討することができる．

B-1-3　テフラの認定法と年代決定

テフラの調査においては，テフラの正確な認定・対比が最も重要

表 B-1-1　テフラの認定法

フィールド観察
　　色，岩相，鉱物
　　層位関係，堆積構造，層厚，分布

物理的性質
　　粒度分布，密度
　　粒子形態，発泡度

岩石化学的性質
　　斑晶鉱物組合せ，組成，微斑晶
　　火山ガラスや鉱物の屈折率
　　火山ガラスや鉱物の化学組成
　　　主成分，微量成分（EPMA，XRF，ICP-MS，AA，INAA）

年代の比較
　　層位，生層序，古地磁気年代，考古学的年代，放射年代

である．まずフィールドにおける観察が第一で，層序，色，粒度，構成物，級化構造，厚さの変化などを調べる．続いて，室内分析において，鉱物組合せ，火山ガラスや鉱物の屈折率，火山ガラス，鉱物やバルクの主成分元素組成，微量元素組成などから，既知のデータと比較する（表 B-1-1）．

（1） テフラの年代測定法

テフラの年代が決定されている場合には，テフロクロノロジーは単に相対的な順序を決めるだけでなく，数値年代を示す尺度に置き換わる．テフラから直接年代を求める方法と，間接的に求める方法とがあるが，数値年代を求める主な方法を図 B-1-3 に示す．

B-1-4　主要な広域テフラと第四紀編年

テフラは陸上の堆積物と日本周辺の海底堆積物を結ぶ重要な手段となるばかりでなく，テフラを海底堆積物の酸素同位体変化に位置づけることによって，陸海共通かつグローバルな時間軸に置き換える役割をもっている．後述（B-2）のように，海洋酸素同位体ステ

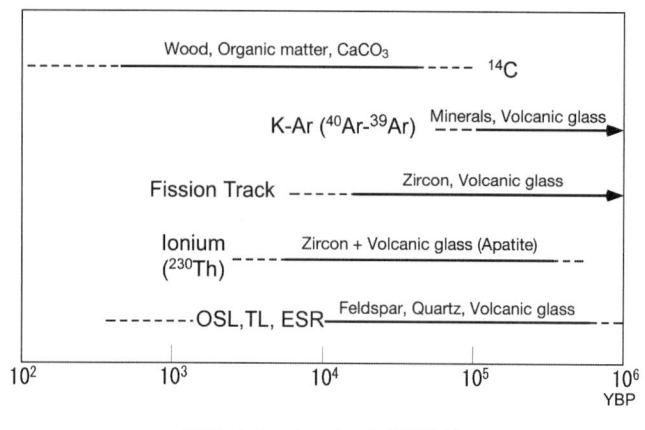

図 B-1-3 テフラの年代測定法

ージ（MIS）に位置付け，テフラの年代を求めることによって，近年，テフラの年代観が変わりつつある．

酸素同位体比が求められた日本近海のコアに含まれるテフラの認定対比は，第四紀編年上特に重要な意味をもっている（図 A-3-1：青木ほか，2008）．AT，Aso-4，Pm-1，J4などの重要なテフラに基づく層序と環境変動が，琵琶湖コア，高野層コアをはじめ各地の陸上堆積物と鹿島沖コア（青木ほか，2008）などの海底コアを通じて結びつけられることが期待される．

日本の第四紀の層序編年のうえで，多くの広域テフラが果たしている役割はきわめて大きく（図 B-1-4 など），その具体例については B-2 で述べる．

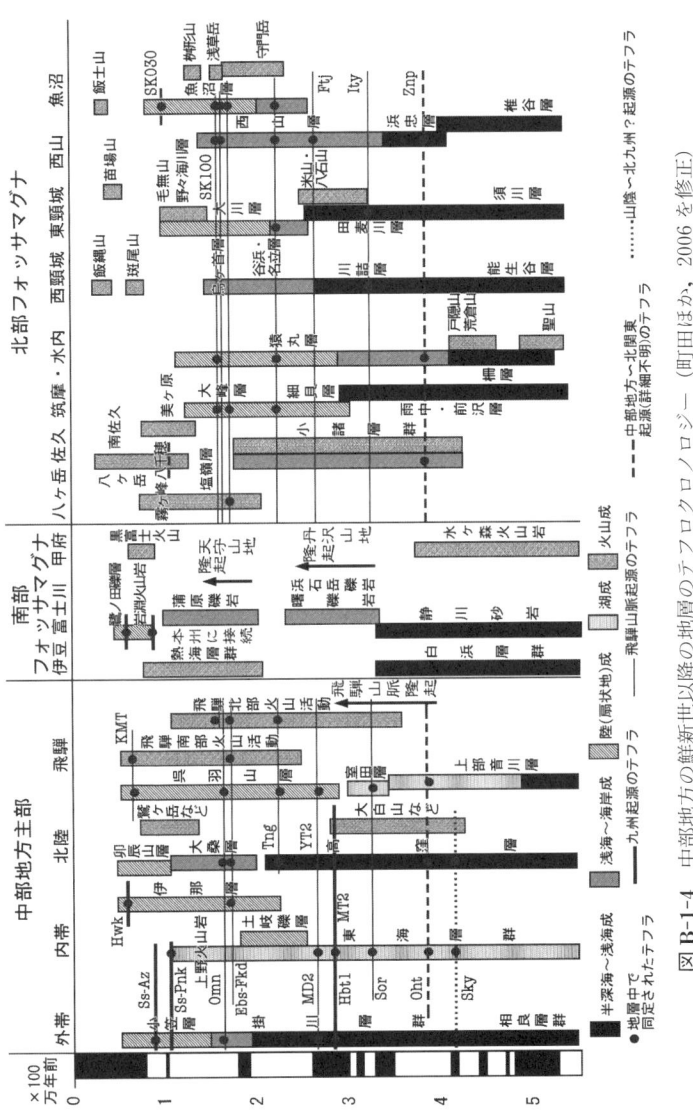

図 B-1-4 中部地方の鮮新世以降の地層のテフロクロノロジー（町田ほか，2006 を修正）

B-2　日本列島の第四系

　鮮新世には日本列島の原形は現在に近い骨格をもって形成されていた．以後，第四紀にかけて日本列島はプレートの収束域となって東西に圧縮を受け，山地は高度を高めるとともに堆積盆地が形成され，火山フロントから背孤側には火山活動が活発に展開された．特に第四紀には著しい地殻変動，火山活動のもとで，山地の成長と堆積盆地の発達が進み，現在の日本列島が成立した．日本列島の脊梁をなす中部地方における地層形成過程からその特徴をうかがい知ることができる（図 B-1-4）．

　日本列島には鮮新世から前期更新世の海成層が，太平洋側，日本海側ともに広く分布し，主に丘陵地帯をなしている．これらは古くから鮮新/更新統として研究が進められたが，A-2 で述べたように，鮮新統のかなりの部分は第四紀に属することになった．関東地方の房総半島をはじめ，秋田県男鹿半島，静岡県掛川地域などの海成層，近畿・東海地方の大阪層群，東海層群の主に湖成層など，テフラと生層序に基づき詳しく研究されてきた（図 B-2-1）．しかし，広域テフラを多く挟在し，海成環境が連続するため標準とされてきた房総半島上総層群は，不整合により境界部分を欠如すると考えられ，新たな定義に基づく標準地域の設定が課題となっている．

　一方，更新世中〜後期の堆積物はその堆積原面を残していることが多く，段丘地形の認定や堆積物に含まれるテフラに基づいて古くから研究されてきた．第四紀前・中期の調査法と異なる面が少なくない．また，多くの人々が生活する沖積平野を構成する沖積層は主としてボーリングコアによって研究されるなど，それぞれ特有の調査方法が用いられている．

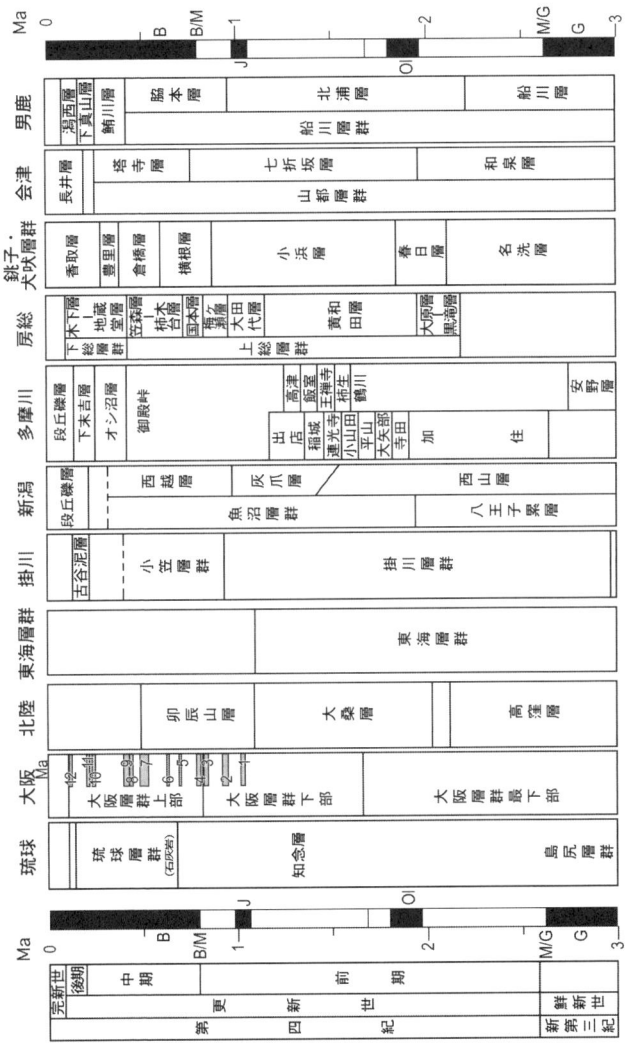

図 B-2-1 日本列島各地の第四系（多数の研究に基づきまとめた）

B-2-1　第四系下部更新統

　更新統の下部は従来，オルドバイ・イベントからブリュンヌ-マツヤマ境界までとされていたが，A-2 で述べたように新定義によってこれより下位にジェラシアンが加わり，260 万年前から 80 万年前までをカバーするようになった．新しい鮮新統／更新統境界はマツヤマ―ガウス境界におかれる．この時代の研究には古地磁気層序，生層序，広域テフラが活用される（佐藤ほか，2003；Nagahashi and Satoguchi, 2007；里口，2010；佐藤，2010）．

　日本の鮮新／更新統は各地に広く分布するが（図 B-2-2），太平洋側では礫層が発達するなど，安定した海成層の発達が見られない地域が多い．堆積盆地周辺の山地の隆起など，活発なテクトニクスの影響を受けていた可能性がある．一方，秋田県の北部から男鹿半島，新潟をはじめ日本海側には海成層がよく発達する．

　近年，佐藤ほか（2003）による秋田県北部の笹岡層／天徳寺層を始め，男鹿半島ほかで，また，九州の宮崎層群（千代延ほか，2012），房総半島の千倉層群（岡田ほか，2012）などにおいても生層序に基づく検討が進められ，日本における鮮新統／更新統境界をめぐる検討が進められている．

　A-2 の項では，第四紀開始期の認定にあたり，北太平洋において 274 万年前に寒流系種の石灰質ナンノ化石 *Coccolithus pelagicus* が急増するとともに，その分布域を南に広げ，北半球における大規模氷床の成立が示唆された（Sato *et al.*, 2004）ことを述べた．この寒流系石灰質ナンノ化石の南下は，秋田県北部の天徳寺層から笹岡層の境界 2.75 Ma において，寒冷な種に換わることに対応する．

　生層序としては珪藻，有孔虫，放散虫も用いられるが，ここでは直接関連する石灰質ナンノ化石に基づく生層序（生層序については本シリーズ，第 2 巻を参照）に触れておこう．

　石灰質ナンノ化石の初産出や終産出（絶滅）に基づく基準面によって年代を知ることができる．後期鮮新世以後第四紀にまたがって 21 の基準面が確立され，10～20 万年単位で時代を決定できる

(Sato *et al*., 1991). Sato and Kameo (1996) は低緯度で有効な *Discoaster* に代わる基準面として，*Reticulofenstra* spp. (small) 群集から寒流系種 *Coccolithus pelagicus* 群集への変化を基準面 A として設定した．これは高緯度地域において適用できる．この基準面 A が新たな第四紀の始まりを認定する鍵となる（佐藤，2010）．

図 B-2-2 には，九州から東北に至る層序編年に，主として石灰質ナンノ化石の主要な基準面が示されるが，一部珪藻，放散虫についても示される．同図にはまた，鮮新世後期から更新世前期における重要な指標テフラも示される．

房総半島の上総層群は古くから詳細に研究されてきたが，図 B-2-2 のように第四紀初頭の境界部を黒滝不整合によって欠いている．しかし，多くのテフラを含み境界部以後の層序や環境についてはやはり代表的なものであるため，その概要は次節で紹介される．房総半島の南端に位置する千倉層群にはその境界部がみられ，石灰質ナンノ化石層序などの研究も進んでいる（図 B-2-2；小竹ほか，1995；亀尾ほか，2003；岡田ほか，2012）．また，銚子付近の屏風ヶ浦の海食崖に連続的に露出する犬吠層群の最下部，名洗層に鮮新/更新統境界近くに位置するガーネットを特徴的に含むテフラ，Tn-GP が認められた（田村ほか，2010）．これは南関東の浦郷層の KGP，中津層群の MK 19，東京都江東区ボーリングコアの 1,217 m 深度テフラと対比され，その供給源を丹沢山地として，丹沢―ざくろ石軽石層（Tn-GP）と命名された（図 B-2-3）．年代は 2.5 Ma である．

上総層群と同様に詳細な調査がなされてきた大阪層群では，陸成層の大阪層群最下部層（淡路島）に認められる朝代-Tzw テフラ層が，北陸，関東，新潟など広域に対比され（図 B-2-2），新潟ではマツヤマ―ガウス境界の 5～17 m 下位にあって，259 万年～265 万年と推定され，重要な位置を占める（黒川ほか，2008）．

これらは古地磁気測定に基づくマツヤマ―ガウス境界の認定とともに，新たな第四紀開始期の決定にあたり重要な手段となるであろ

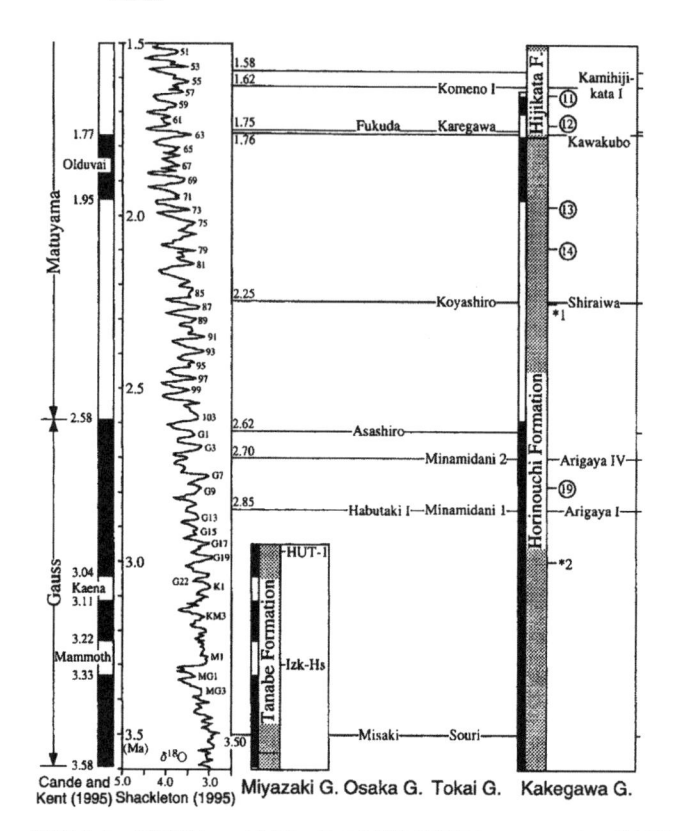

図 B-2-2　石灰質ナンノ化石に基づく対比基準面とテフラによる鮮新世

Calcareous nannofossil datum planes (Kameo *et al.*, 1995)
  * 1　Termination of acme I of *Reticulofenestra minutula* var. (2.25 Ma)
  * 2　Termination of acme II of *Reticulofenestra minutula* var. (2.97 Ma)

Calcareous nannofossil datum planes (Sato *et al.*, 1991)
  ⑪ FAD *Gephyrocapsa oceanica* (1.65 Ma)
  ⑫ FAD *Gephyrocapsa caribbeanica* (1.73 Ma)
  ⑬ LAD *Discoaster brouweri* (1.97 Ma)
  ⑭ initiation of acme of small *Gephyrocapsa* (2.09 Ma)
  ⑮ Termination of acme *Crenalithus doronicoides* (2.34 Ma)
  ⑯ LAD *Discoaster pentaradiatus* (2.38 Ma)
  ⑰ LAD *Discoaster surculus* (2.54 Ma)

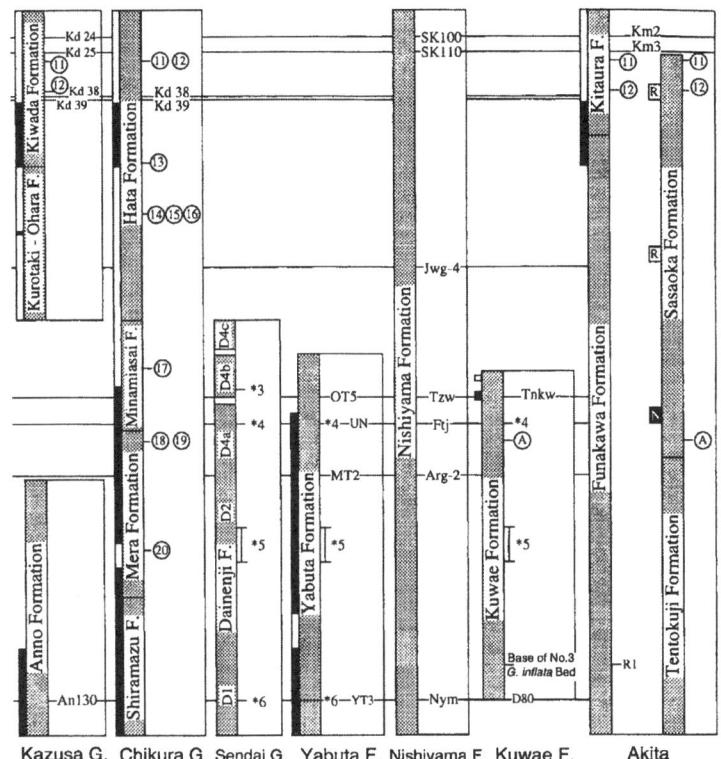

―前期更新世の層序編年（Nagahashi and Satoguchi, 2007 を修正）

⑱ LAD *Discoaster tamalis* (2.74 Ma)
Ⓐ Datum plane A (2.75 Ma)
⑲ LAD *Reticulofenestra ampla* (2.78 Ma)
⑳ Termination of acme II of *Crenalithus doronicoides* (3.07 Ma)

Diatom biohorizons (Yanagisawa and Akiba, 1998)
* 3 LO *N. jouseae* (2.6 Ma)
* 4 D90 LO *N. kamtschatica* (2.6-2.7 Ma)
* 5 RI *N. kozumii* (3.1-3.0 Ma)
* 6 D80 FO *N. kozumii* (3.5-3.9 Ma)

Radiolaria horizons (Motoyama, 1996 ; Motoyama and Maruyama, 1998 ; Hanagata *et al.*, 2001)
R1 FO *Thecosphaera akitaensis* (3.4 Ma)

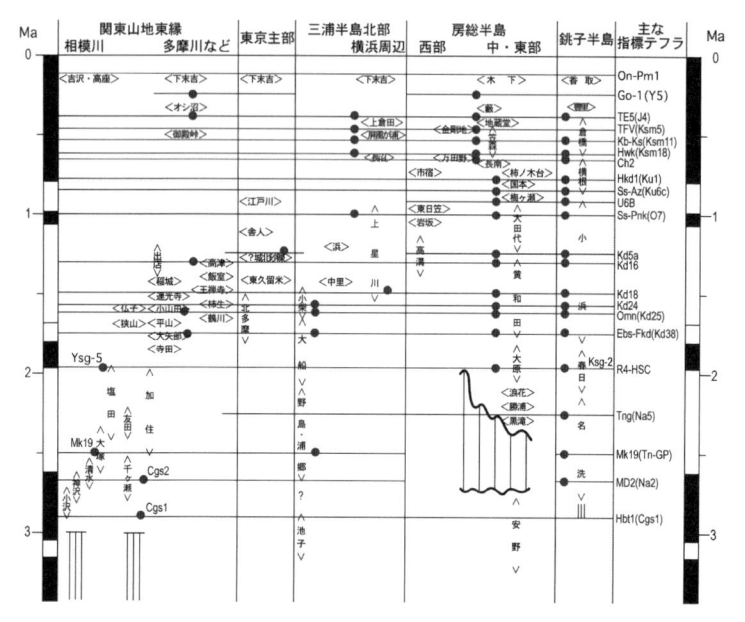

図 B-2-3 関東における第四系の発達とその対比（町田, 2009）

う．

B-2-2 上総層群の時代

　房総半島は古くから上総層群・下総層群の研究が進み，長く日本の第四系層序の基準となってきた．また，房総半島の上総層群国本層（千葉セクション）は，更新統下部/中部境界の国際模式地の候補地の1つとなっている．

　A-2 で述べた第四紀の新定義により，上総層群は第四紀更新統の下部から中部の下半までを含むものとなった．第四紀の始まりの部分を不整合によって欠いているが，多数の重要なテフラを含み層序や環境について詳細に研究されてきたので以下に概要を述べる．

房総半島の富津市やや南方，竹岡付近から太平洋岸の勝浦市にかけてほぼ東西に黒滝不整合と黒滝層が分布する．これを基底としてその上位に上総層群を構成する勝浦層，浪花層，大原層，黄和田層，大田代層，梅ヶ瀬層，国本層，柿の木台層，長南層，笠森層が順次堆積している（三梨ほか，1979）．南北に流れる養老川や小櫃川は絶好の調査ルートとなっている．

　黒滝層は黒滝不整合を基底とする上総層群最下部の地層で，凝灰質な砂礫で構成される．シロウリガイなどの化学合成依存群集の貝化石が見いだされる（浅賀ほか，1991；森田ほか，2001 など）．

　養老川ルートを含む東部では岩相に基づき上記 11 の累層に分けられ，東部で最大 3,000 m，西部で 1,000 m の層厚を示す．黒滝層の上位の勝浦層から大原層は東部にのみ分布する．多数の火砕質鍵層（テフラ）によって東西の累層が対比された．各累層は東部では整合で岩相によって分けられるが，西部では一部不整合をなす．

　黄和田層から国本層は水深 1,000～1,500 m の大陸斜面～深海に堆積した．大陸斜面から深海の海底扇状地，深海平坦面に堆積したシルト岩が卓越するシルト岩・砂岩互層からなり，砂岩互層は陸棚外縁から海底谷を流下する乱泥流に由来するタービダイト砂岩と考えられる．こうした粗粒堆積物によって上記の累層に区分される．

　上総層群上部に向かって堆積環境は陸棚外縁付近の斜面から陸棚にかけて浅くなっていく．最上部の笠森層では主として陸棚，水深で 200～300 m 以浅とされる．

　上総層群と下総層群との境界については複数の意見があるが，ここでは徳橋・遠藤（1984）に従い，笠森層を上限とする．

　上総層群の海が浅くなるにつれ，陸域の扇状地地層が東方に進出してくる．武蔵野台地の西方に取り残された狭山丘陵は上総層群相当層を覆う芋窪礫層がつくる古い扇状地であるが，芋窪礫層のすぐ上位に KMT（貝塩上宝テフラ：飛騨山脈南西部の貝塩給源火道を起源とする）が位置する．このテフラは笠森層下部の笠森 22 テフラ（KS-22）に対比され，扇状地は MIS 17 の間氷期から，特に寒

冷で海面低下量も大きかった MIS 16 の氷期にかけて形成されたと考えられ，ほぼ同じ時期の長浜砂礫層や万田野砂礫層に対比される可能性がある（鈴木，2000）．この時期から MIS 12 にかけて礫層の発達が認められ，その後に下総層群の地蔵堂層が堆積した．

上総層群に挟在される主な広域テフラとして，黄和田層の Kd 38（EbsFkd，大阪層群の福田火山灰層，魚沼層群の辻又川火山灰に対比：吉川ほか，1996；給源は恵比須峠火砕堆積物：長橋，1995），Kd 25（Omn），Kd 16，大田代層の O 7（Ss-Pnk ピンク火山灰層：吉川ほか，1991；耶馬渓），梅ヶ瀬層の U 6 b，国本層の Ku 1（Hkd 1），Ku 6 c（曲―アズキテフラ［Ss-Az］，大阪層群 Ma 3 のアズキ火山灰層：給源は大分層群の曲テフラ），笠森層の Ks 11（小林―笠森テフラ［Kb-Ks］，大阪層群 Ma 7 のサクラ火山灰層；給源は宮崎県小林火砕流：町田，1980）などが代表的なものである．これらによって上総層群，大阪層群，魚沼層群，東海層群など各地の相当層との対比が可能になってきた．

中・下部更新統境界の国際的模式地をどこに置くかについては現在国際層序委員会で検討中である．候補地の一つである房総セクションでは，境界となるブリュンヌ―マツヤマ古地磁気境界は，養老川ルートの国本層の Ku 2 層準の下位にある白尾火山灰（Byakubi ash）付近に位置する（熊井，2009）．

上総層群の堆積環境と堆積シーケンスについては伊藤（1995）の検討がなされているが，貝化石，有孔虫化石，花粉化石の検討からも暖流系種，寒流系種の入れ替わり，暖温帯・冷温帯植生の交代など寒暖の変化が頻繁に繰り返されたことが読み取れ，一つひとつの氷期・間氷期サイクルを各累層中に見分けることが可能である（氏原，1986；五十嵐，1994；秋山ほか，2012 など）．図 B-2-4 は東京の臨海埋立地における 400 m ボーリングコアを用いて黄和田層上部から大田代層にかけて，有孔虫と花粉化石に基づいて氷期・間氷期変動（MIS ステージ）の認定を試みた例である．

日本各地の前期更新世堆積物にミランコビッチ・サイクルが見い

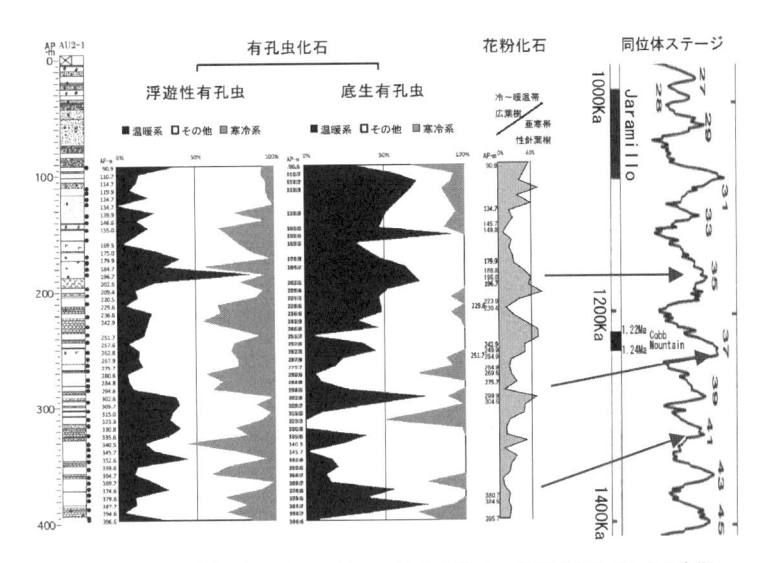

図 B-2-4 黄和田層上部〜大田代層における有孔虫・花粉化石に基づく氷期・間氷期サイクル（MIS）の推定（秋山ほか，2012）

浮遊性，底生有孔虫，花粉化石から認められる温暖期・寒冷期はMIS29-43 [1.3Ma-1.1 Ma] に相当．

だされるかどうかは課題となってきたが，北村・近藤（1990）は100万から120万年前ごろの大桑層について貝化石に基づいて検討した結果，多数の堆積サイクルは寒流系貝化石群集から暖流系貝化石群集へという変化を示すことが多いことを見いだした．その結果から4万年から2万年周期の氷河性海水準変動の存在が明らかにされ，その海水準変動量は30〜50 mとされた．

B-2-3　下総層群の時代—更新世中・後期—

中期更新世の始まりはブリュンヌーマツヤマ境界におかれ，また，中・後期更新世の境界はMIS 6から5の境界とされる．前者は一般に実際の地層境界，あるいは気候変動やテクトニクスの境界

とは対応しない．関東では堆積環境の変わり目をなす上総層群と下総層群で分けることが多い．後者は海面低下期にあたるため，一般に陸上露頭でみることはできない．関東ではこの時代を段丘面で分類してきたことから，便宜上 MIS 5 の下末吉面をもって分けることもある．

　第四紀中・後期については，東京，神奈川を中心に段丘地形の研究がテフラ鍵層を含む関東ローム層を基礎として進められ，千葉県側の層序とも対比され，図 B-2-5 に示すように関東全域にわたりまとめられた．近年は露頭が減少し，ボーリングコアによる検討も進みつつある．東京湾を挟んで両岸の地層・地形の対比には箱根火山・富士火山のテフラが広域テフラとともに用いられ，第四紀の堆積物，地形およびその環境変動の大枠はかなりの精度で確立されてきた．特に，主要テフラについて海底コアの酸素同位体変動カーブに位置づけられ，下末吉期以降の年代観は大きく改められた．

　南関東には 45〜50 万年前から箱根火山テフラ（初期は湯河原火山群）が，約 10 万年前から古富士火山テフラが厚く堆積し，下位から多摩 I・II ローム層，下末吉ローム層，武蔵野ローム層，立川ローム層に分けられ，これらによって古典的な段丘面の区分がなされた．箱根のすぐ東方の大磯丘陵では以上のテフラが 300 m 以上の厚さで堆積し，多摩 I ローム層と多摩 II ローム層は明確にさらに細分され 6 累層となる．これら膨大なテフラ層序と海成・河成堆積物との関係は遠藤・上杉（1972），町田ほか（1974），上杉（1976）などによって確立され，さらに各ローム層に含まれる主要なテフラ（広域テフラを含む）は大磯丘陵から横浜・川崎，大宮台地，また東京湾を越えて千葉県側に対比され，図 B-2-5 に示すように過去約 50 万年間の層序・編年が確立した（上記のほか，岡，1991；徳橋・遠藤，1984；町田，2009；中澤・中里，2005，など）．

B-2-4　下総層群の時代の古気候・古環境

　下総層群の時代，関東平野においては海進海退が繰り返されたた

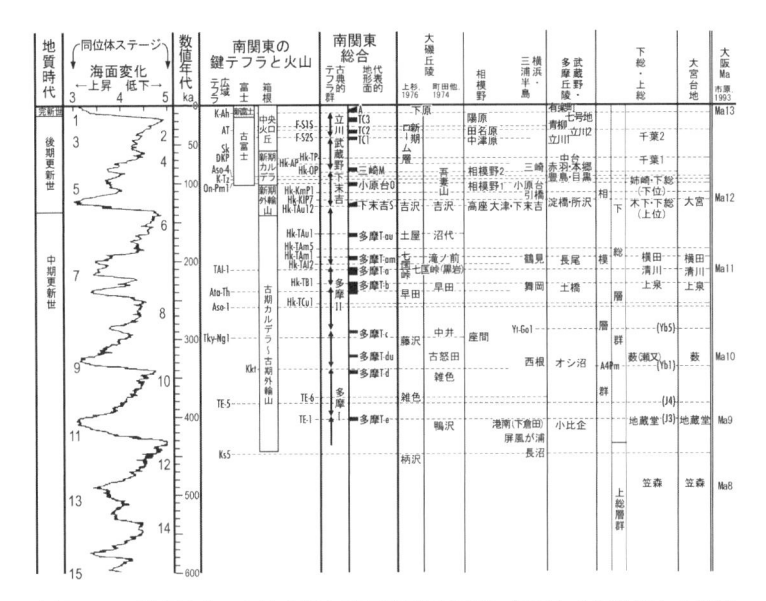

図 B-2-5 関東地方における過去 50 万年間の層序・編年と大阪地域との比較（町田ほか，1974；上杉，1976；徳橋・遠藤，1984；中澤・中里，2005；市原，1993 などに基づき，町田，2009 を一部改変．海面変化は Labeyrie *et al.*, 2002 による）

め，気候変動などを連続的な堆積物で確認することは難しい．下総層群の最初の累層である地蔵堂層については，花粉分析によって非常に温暖な植生が認められてきた．アカガシ亜属が急増し顕著な海進が横浜地域に MIS 11 に対応する港南面（上倉田層）を残した．大阪層群では，Ma 9 の海進期に相当する（図 B-2-5）．

　琵琶湖で採取された 250 m コアの花粉分析結果は，過去 43 万年間の気候変動を見事に明らかにした．温暖期にはコナラ属アカガシ亜属，シイノキ属，（サルスベリ）などの暖温帯要素やスギ属，コウヤマキ属，ヒノキ科などの温帯針葉樹が増加し，寒冷期にはモミ，ツガ，トウヒなどの亜寒帯針葉樹や冷温帯要素のブナ属，カバ

ノキ属やコナラ亜属などが増加する．琵琶湖では特に，温暖期にスギ属の増加が顕著に見られ，亜寒帯針葉樹とスギが入れ替わる傾向が明瞭である．こうした傾向に基づいて，MIS 11，9，7，5，1 の温暖期と，MIS 10，8，6，4，2 に対応する寒冷期が海底コアの酸素同位体比カーブと調和的に対比された（図 B-2-6；Miyoshi et al., 1999）．

中川ほか（2009）はさらに，後述するモダンアナログ法を用いて定量的に古気候を復元した（図 B-2-7）．平均気温だけでなく最暖月や最寒月の平均気温や夏の降水量などが復元され，基本的には 2 万年の日射量，歳差運動周期の卓越と 10 万年周期の氷期・間氷期変動とが見られるとした．

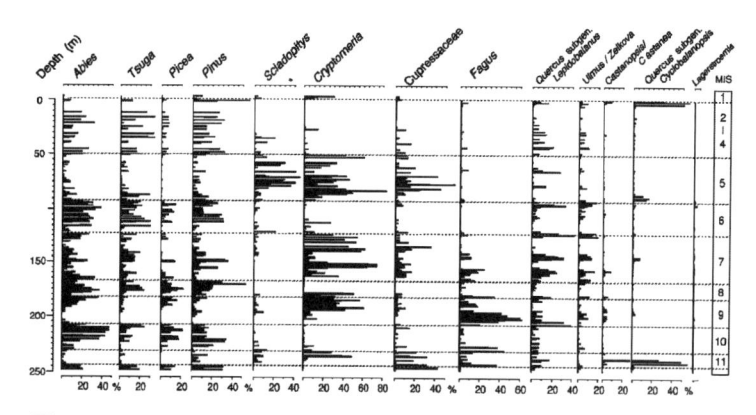

図 B-2-6 琵琶湖 250 m コアによる過去 43 万年間の植生変化（Miyoshi et al., 1999）

学名と和名の対応は以下のとおり．
Abies：モミ属，*Tsuga*：ツガ属，*Picea*：トウヒ属，*Pinus*：マツ属，*Sciadopitys*：コウヤマキ属，*Cryptomeria*：スギ属，*Cupressaceae*：ヒノキ科，*Fagus*：ブナ属，*Quercus* subgen. *Lepidobalanus*：コナラ属コナラ亜属，*Ulmus/Zelkova*：ニレ属・ケヤキ属，*Castanopsis*：シイ属，*Quercus* subgen. *Cyclobalanopsis*：コナラ属アカガシ亜属，*Lagerstroemia*：サルスベリ属

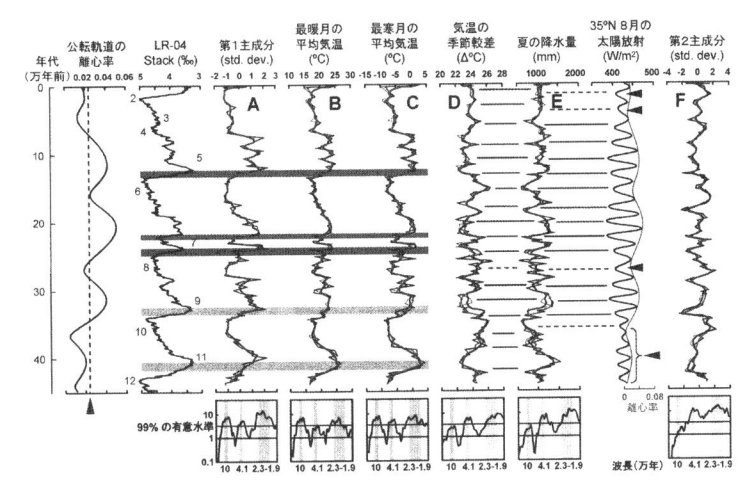

図 B-2-7　琵琶湖における花粉データを用いた気候の定量的復元（中川ほか，2009）
A：化石花粉群集の第1主成分得点（変動の37％に寄与）
B：最暖月平均気温（太平洋の気団の温度指標）
C：最寒月の平均気温（シベリアの気団の温度指標）
D：気温の年較差．BからCを引いた値として定義され，海陸の温度傾度の指標となる
E：4月から9月までの積算降水量（夏モンスーンの強度の指標）
F：化石花粉群集の第2主成分（変動の18％に寄与）
A〜Cは氷期・間氷期サイクルに，D〜Fは太陽放射によく対応する

B-2-5　更新世後期の編年

　MIS 5 e の最終間氷期およびそれ以降の地形や堆積物の形成過程，環境変動はきわめて重要であり，国際的にも詳細に検討されてきた．その反面，放射性炭素年代の適用限界を超える時代という困難さがつきまとった．A-3 で述べたように，鹿島沖コアに挟在するテフラ群が酸素同位体カーブによって位置づけられ（図 A-3-1），この時期の編年は古典的なものから大きく改められた（図 B-2-8）．9.6万年前の On-Pm 1 を基準に，小原台面，姉崎面，豊島

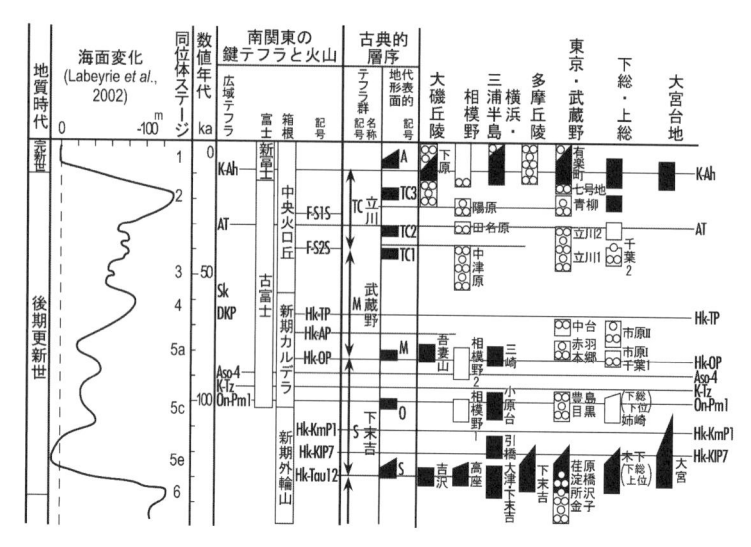

図 B-2-8　南関東における MIS 5 以降の地形・堆積物の発達と海面変動（町田, 2009 を基に一部簡略化・修正）

台・目黒台などが MIS 5c（5.3）に，三崎面が MIS 5a に，かつて 4.9 万年前とされた東京軽石層（Hk-TP）は 6.6 万年前で MIS 4 の寒冷期におかれる．

B-2-6　沖積層

（1）沖積層とは

　現在 1 万 1500 年（暦年較正年代）以後の時代をさす完新世，かつて"沖積世"と呼ばれていた．このため，沖積層には，河川の堆積作用による地層という側面よりも最新地質時代の地層という意味合いが強かった．その後，沖積層の下部は更新世の末期にあたることがわかり，さらに，"沖積世"は完新世と呼ばれることになった．したがって，沖積層という名称の使用は二重に好ましくないこととなった．しかし，"沖積層"の名称は工学分野をはじめ社会の

中ですでに広く定着していたため，以下のような意味で，そのまま使用されることになった．すなわち，『沖積層は，最終氷期の海面低下期に形成された侵食谷を埋める谷埋め堆積物で，その基底にBG（basal gravel；基底礫層）をもち，その時代は最終氷期末から完新世に至る地層の名称である』．

（2） 沖積層の基本層序

　沖積層の研究は東京低地を中心とする関東平野をはじめ，大阪平野，濃尾平野，新潟平野などにおいて多数のボーリング資料に基づいて詳しくなされてきた．それだけ人間活動に利用される最も身近な地層であるといえる．

　その基本層序について関東平野の沖積層を例に述べる．

　東京低地（中川低地）では七号地層と有楽町層の2つの地層単位が2段重ねをなして埋没谷を埋めている．この関係は関東平野全域の沖積平野に共通する．埋没谷の基底には沖積層基底礫層（BG）が存在する．BGの厚さは4～8m前後であり，東京低地では－60～－70m（標高表示，以下同じ）にあり，東京湾の中央部では－80mにおよぶ（図B-2-9）．

　有楽町層と七号地層の境界は－35～－50m付近にある（図B-2-10）．中川低地ではこの境界に礫混じり砂層がしばしば認められ，有楽町層の基底を示すものとしてHBG（Holocene basal gravel）の名前が与えられた（遠藤ほか，1983など）．東京低地においては礫が混じることは稀で，通常は中～粗粒砂層となっており，その識別は難しい場合が少なくない．かつてはヤンガードリアス期に対応する海水準低下のもとでの不整合の存在が想定されたが（最近では海水準の低下は認められないと考えられている：後述），近年の研究では削剝量は小さく，軽微な不整合，あるいはシーケンス層序からラビーンメント面の性格が強いとの考えがある（ラビーンメント面については本シリーズ，第4巻を参照）．

　七号地層の分布上の特徴は，一般に埋没谷の中に存在することで，埋没谷が浅い場合には（30～40m程度）きわめて薄いか，礫

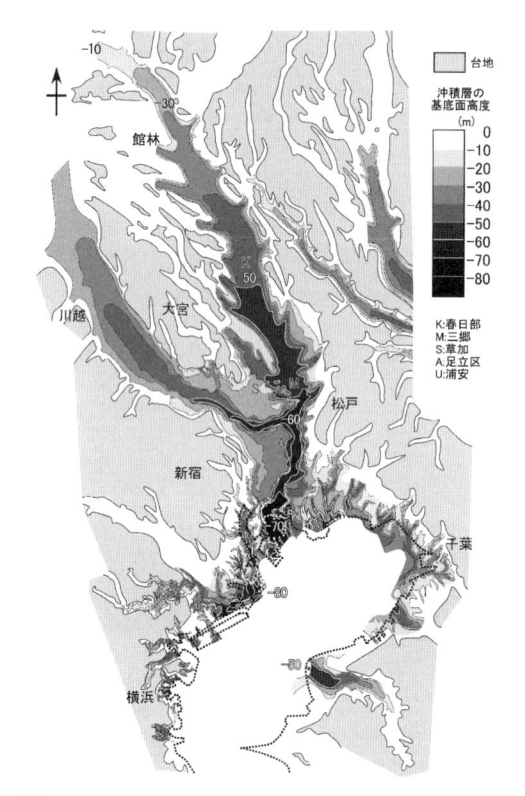

図 B-2-9 沖積層の器―中川低地・東京低地の沖積層基底面図―（遠藤ほか，1988 を修正）

層のみとなる場合もある．河口付近に堆積した砂泥互層を特徴とし，ほぼ淡水，一部汽水の環境を示す．

最終氷期 LGM の後，1万 4500 年前頃から海水準は急速に上昇し，海岸線は当時陸地になっていた大陸棚上を進み，およそ 1 万 1000 年～1 万年前には現在の海岸線付近に到達した．この急速な海水準上昇の結果，深い谷地形が存在している場合，沿岸部の埋没

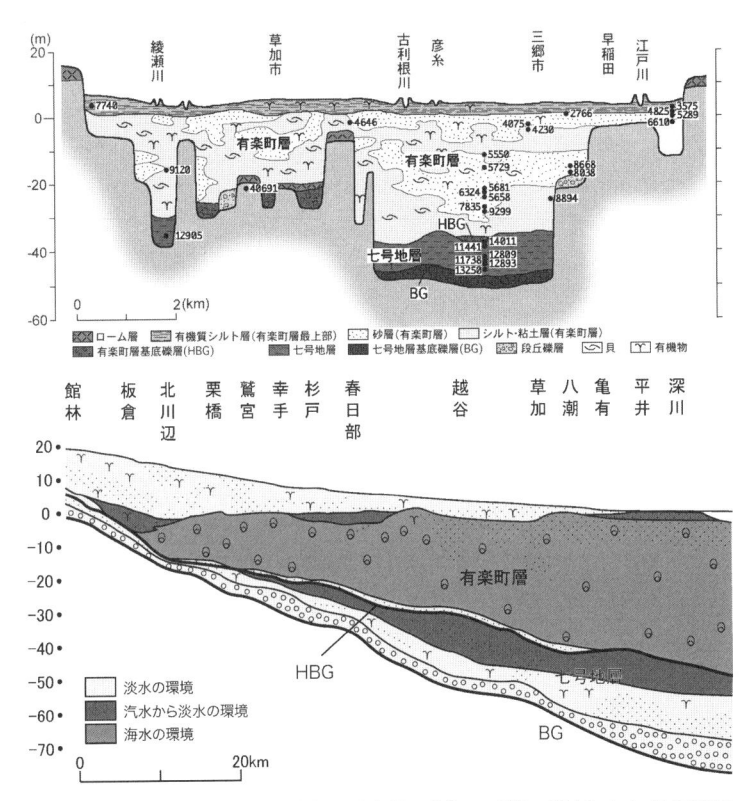

図 B-2-10 中川低地下流部（埼玉県南部，草加—三郷—流山）における沖積層の横断面図［上］，および中川低地—東京低地の沖積層縦断面図［下］（遠藤ほか，1992を修正）

数値は較正年代値．

谷はエスチュアリーとなり，関東平野では河口付近の環境を示す砂泥互層が堆積した．これが七号地層の主部で，侵食谷のないところでは七号地層を欠くことになる．

有楽町層は，急速な海水準上昇のもとでの縄文海進によって生じ

た内湾に急速に堆積した，軟弱な海成泥層を主体とし砂層を交える．海は内陸に浸入した後，デルタの進出に転じ，デルタフロントの急速な前進が沖積平野の原形を形成した．この過程については海水準変化の項で述べる．

日本の多くの平野は完新世の後半に河川堆積物に覆われて，沖積平野を完成させる．砂堤列平野も，完新世の後半に砂堤列・砂丘列の形成が進み，砂堤間の凹地に泥炭が発達するなどして，平野の完成に至る．いずれも，縄文海進後に平野・海岸への砕屑物供給が増大することや，海面が若干低下することなどに原因の1つがある．この縄文時代の後期・晩期から弥生時代にかけて，しばしば浅い谷が形成され，その後の堆積物で埋積されている．これを埋積浅谷という（井関，1983）．

近年，中川低地を中心にオールコアボーリングが実施され，沖積層の再検討が進められている．木村ほか（2006）をはじめとする一連の研究から，シーケンス層序学を基礎として，海水準の上昇過程の中での詳細な沖積層形成過程・堆積環境の推移が論じられ，多数の年代測定値により，層序とその年代観がより明確になってきた．これらの研究も踏まえて，沖積層層序のとらえ方や課題についてまとめておく．なお，シーケンス層序については本シリーズ，第4巻「シーケンス層序と水中火山岩類」を参照されたい．

海面低下期（BG）から海面が上昇する過程で沖積層が成立してきた．その堆積体の全体像を沖積層としてとらえることにはまず大きな意味がある．有楽町層・七号地層境界はその中で軽微な不整合あるいはラビーンメント面の性格をもっている．

七号地層は有楽町層とはN値をはじめ堆積物の工学的性質は明確に異なる．特に有楽町層はN値0〜2を示すことが多く，きわめて軟弱である．その背景に堆積環境の大きな相違がある．その境界の時期はほぼヤンガードリアス期の急激な寒冷期から完新世の温暖期の間にあり，ほぼ完新世の始まりの時期に対応する．

したがって，時間の間隙は小さく，上位層による下位層の削剥も

小さいが，ほぼ完新世の境界に位置し土性を異にするため，七号地層と有楽町層に細分するのが現実的である．

七号地層と有楽町層の土性の違いについては，かつてはヤンガードリアス期に海水準低下があって，離水が生じたことが要因として考えられたが，近年の造礁サンゴ等の研究では海水準上昇速度が弱まることはあっても，海水準の低下に至らなかったとされる（Fairbanks, 1989；Bard $et\ al.$, 2010）．七号地層は砂泥互層で特徴づけられ，比較的薄い泥層に含まれる水は堆積と同時に砂層中に効率よく脱水されたことで上記の土性の相違を説明できるという考えが提案されている（田中ほか，2006）．

(3) 各地域の沖積層

日本の主な沖積層の層序を図 B-2-11 に示す．

上述のように LGM から海水準が現在のレベルまでおよそ 140 m も上昇する過程で沖積層は形成された．大陸棚の発達状態や，波浪の強い外洋に面するか波浪の弱い内湾に位置するかなどによって，沖積層の発達過程は大きく異なってくる．

外洋に面する仙台平野では，海岸線が現海岸線の地下に到達した 7000～8000 年前から，海水準の上昇とともに強い波浪によって侵食しながら海は内陸奥部に浸入した（波浪ラビーンメント面の形成）．海水準の上昇が頭打ちとなると，河川の砕屑物の供給が上まわり，一転してデルタの進出が進行する．浜堤列が次々と前面に発達し，現在のような浜堤平野が形成された（田村ほか，2006）．このような浜堤平野として，九十九里平野，石狩平野などがあげられる（斎藤，2006）．

新潟平野では海の平野部への浸入にともなってバリア島が形成され，バリア島の内陸側に汽水的なラグーン環境が成立し，海側には砂丘・浜堤列が発達していったと考えられるが，沈降量の違いによって平野の発達過程は単純ではなく，バリア島システムと浜堤平野の複合したシステムとされる（卜部ほか，2006）．

これらに対し，東京低地・中川低地に広がった奥東京湾の場合に

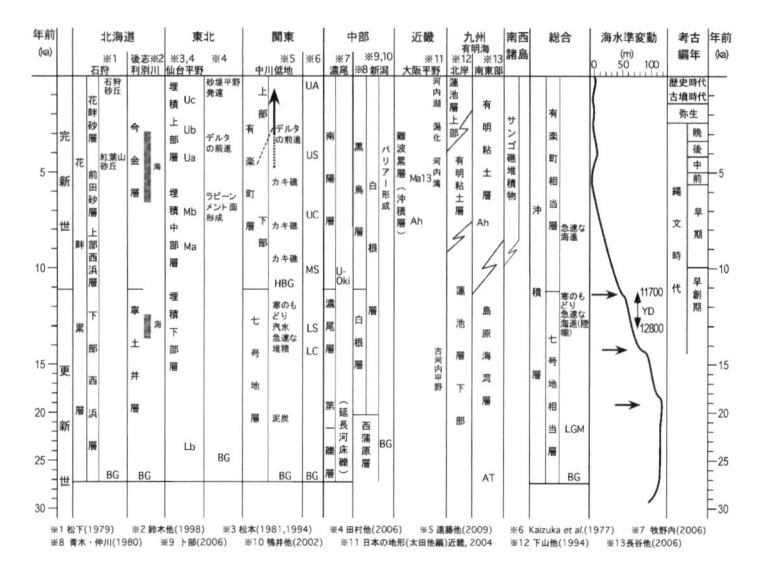

図 B-2-11　日本各地の沖積層層序

は海の浸入とともに広い干潟が形成され，1万1000〜1万年前には東京湾岸にカキ礁が発達，海の浸入とともにカキ礁は湾奥に移動していき，干潟の海側には急速な海水準上昇によってやや深い内湾が生じ，海成泥層がゆっくり堆積した（遠藤，2009）．5000〜6000年前以後には堆積物の供給が上まわり，デルタフロントの急速な前進によって内湾は泥質な堆積物によって急速に埋積された．こうしたデルタシステムによって特徴づけられる平野として，有明海沿岸平野，濃尾平野，大阪平野などがあげられる．

B-3　地殻変動と第四紀の地形・堆積物

B-3-1　海溝型地震による隆起・沈降

　1923年の関東大地震（大正関東地震）は関東地方南部に顕著な地殻変動をもたらした．その隆起量や水平変位量の分布に基づき，それはフィリピン海プレートの沈み込みにともなう震源断層面の活動によるとされた（Ando，1974など）．その垂直変位量は，相模湾に面する大磯海岸や三浦半島・房総半島南部に分布する完新世の海岸段丘の高度と相関し，この地域では大正関東地震と同様の地震による隆起が何度も繰り返されたと考えられた（Sugimura and Naruse，1954）．この地域の4段の海岸段丘のうち最高位の，相模湾に面する中村原面が，房総半島南端の館山付近では沼面（Ⅰ）が標高25〜30 m前後にあり，その形成期，6500〜7000年以来約20 m強の地震性隆起があり，年平均3 mmの平均隆起速度になるなどが明らかにされてきた（米倉ほか，1968；中田ほか，1980）．

　その後の房総半島〜三浦半島の研究で，その最も下位の1703年の元禄地震による段丘（元禄面）の変位量は，房総半島先端に向かって大きく最大で6 mになる．そして，その隆起量は北に向かって小さくなり，保田では沈降となるなど，大正関東地震の変位と異なる（図B-3-1）．宍倉（2003）はこれを整理し，相模湾側の大正地震と同じAタイプと房総半島側の元禄地震と同じBタイプの2つのタイプがあり，過去6800年間に大正タイプが14〜15回，元禄タイプが3回のあわせて17〜18回の活動があったこと，その平均の再来間隔は約400年であると推定した（図B-3-2；宍倉，2003）．上記の保田では，Aタイプで隆起，Bタイプで沈降する（図B-3-1）．

　2011年3月11日の東日本大震災においては広域にわたり顕著な

70　B　実践編

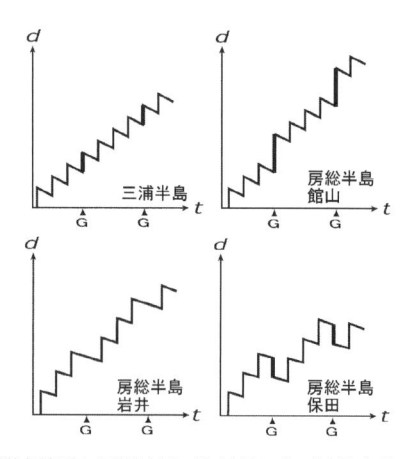

図 B-3-1　大正関東地震と元禄地震の隆起量と上下地殻変動パターン（宍倉, 2003）

G は元禄型地震．縦軸は垂直変位量．

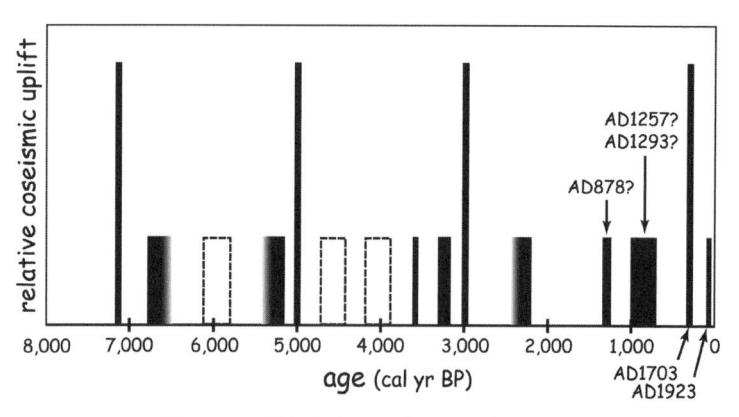

図 B-3-2　関東地震の再来間隔（宍倉, 2003）

横軸は歴年較正年代（本シリーズ 2 巻　層序と年代　p. 134-135 参照）
縦軸の相対的隆起量は A タイプ（大正関東地震規模）と B タイプ（元禄地震規模）とに統一している．

沈降が認められた．一方，三陸海岸や常磐海岸には長期的な隆起を意味する海岸段丘が発達している．隆起や沈降が生じるメカニズムを検討することは，3月11日地震による地殻変動の余効運動の推移とともに重要な課題である．

B-3-2 地震津波とイベント堆積物

このような変動地形を調査する立場からの研究に加えて，近年盛んに行われるようになったのが，津波堆積物を主体とする地震イベント堆積物に関する研究である（藤原ほか，1997，1999；藤原，2004；七山・重野，2004など）．

津波堆積物の特徴は，「多くの場合は下位層を削り込んでいること，高密度流から堆積したことを示す逆級化構造がしばしば見られることから，さまざまなサイズの粒子を大量に含んだ流体が，下位層から粘土礫を巻き込む相当な高エネルギー状態で流れることで形成される」（藤原，2004）と考えられる．

水深10〜20mほどの内湾堆積物におけるイベント堆積物，津波堆積物の認定基準として，以下の項目があげられる（藤原ほか，1999，図B-3-3）．

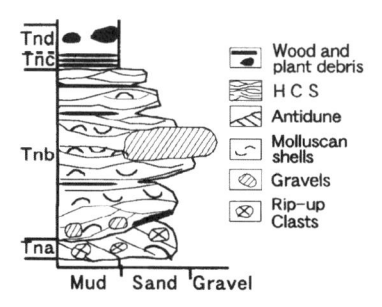

図 B-3-3 津波堆積物の模式的堆積構造（藤原，2004）
HCS：ハンモック状斜交層理，本シリーズ3巻 堆積物と堆積岩，p. 15-17参照．
Antidune：アンティデューン，本シリーズ3巻 堆積物と堆積岩，p. 14参照．
Rip-up clast：偽礫，本シリーズ3巻 堆積物と堆積岩，p. 10参照．

- 基底に侵食面が認められる
- 侵食面がなくても粘土礫が存在する
- 逆級化構造を示せば強い流れによる運搬
- 低角楔状葉理や貝化石のインブリケーションは強い掃流，古流向がわかれば陸からか海からか，両方向かがわかる
- ハンモック状斜交葉理：長周期で流速大の流れ
- コンボリュート構造：荷重を増加させる急激な堆積や振動
- 粗粒物質や多量の木片
- 異地生の化石：貝化石，貝形虫化石など

陸域に遡上する津波堆積物については，七山・重野（2004）ほかのまとめがある．高潮（ストーム）や洪水による堆積物との区別が重要となる．海底堆積物における地震性タービダイトの検討も進んできた（池原，1999 など）．遺跡の液状化現象に基づく研究（寒川，1992），歴史記録などに基づく研究（羽鳥，2006 ほか）などを総合し，過去の地震履歴の解明が進められている．

B-3-3 活断層

活断層とは近い過去に活動した断層で，今後も活動することが予想される断層をいう．この近い過去とは，「新編日本の活断層」（活断層研究会，1991）では第四紀とされたが，産総研の活構造図シリーズでは第四紀後期以降（約 12 万年前以降）が採用された．応力的条件が同一の時代の中で繰り返し活動した断層は今後も活動する可能性が高いが，その判断は難しい場合がある（池田ほか，1996）．

有名な活断層である阿寺断層は，木曽川に支流の川上川が合流する位置にある坂下の町にある多数の段丘面を横切っており，8 段ある段丘面の垂直および水平変位量が段丘の時代が古くなるほど大きくなる（Sugimura and Matsuda, 1965；岡田・松田, 1976 ほか）．御岳火山が上に乗っている阿寺山地の南端に阿寺断層は位置するが，阿寺山地は侵食小起伏面と呼ばれる起伏の小さな山地で，断層

を挟んで500mの落差が生じている．水平変位も谷のずれから6kmに達する．このように活断層は何度も活動を繰り返し，変位を累積させるという考えが生みだされた．

このような累積性に基づけば，年代が求まれば平均変位速度を求めることができる．活断層について誰もが知りたいのは次にいつ活動するか，の再来間隔である．平均変位速度をS，累積変位量をD，その間の年代をTとすれば，S＝D/Tである．再来間隔は，1回の変位量（単位変位量d）をSで割れば求まる．ここでSは地殻の歪み速度で，歪みが蓄積して限界に達すると断層の破壊が生じて歪みを開放する．その限界の時間が再来間隔ということができる（池田ほか，1996）．活断層の活動度を計る平均変位速度や再来間隔を求めるため，トレンチ発掘調査が全国の主要活断層に対して行われている．日本の活断層については，「新編日本の活断層」ほか，活断層データベース（産業総合技術研究所）も公開されている．

B-3-4　海成段丘とネオテクトニクス

中─長期的な地殻変動の傾向をつかむため，日本列島各地の海成段丘を用いた旧汀線高度の復元に基づく研究が広く行われてきた．

「海成段丘にはその付け根（海食崖の基部）に旧汀線（汀線アングル：ほぼかつての平均海面を示す）が残される．旧汀線地形が不明瞭な場合には，近傍の海成層の頂面高度で代用する．その高度をA，海成段丘の年代をT，その年代の海面高度をBとすれば，その地点の平均地殻変動速度は（A－B）/Tで求まる．年代は海成段丘を形成した間氷期がSPECMAPのどのピークにあたるか，テフロクロノロジーや放射年代測定に基づいて決定する．Bはその当時の地殻変動が安定した地域における海成段丘からわかる」（町田，2001）．サンゴ礁地域では，サンゴ礁は平均海面を指示するとともに，サンゴ化石によるウラン系列年代測定が可能である．南西諸島以外では代わりに広域テフラが活用される．こうして海成段丘の年代が決定され，日本列島における地殻変動の大勢を理解するのに好

都合な日本列島海成段丘アトラスが作成された（小池・町田, 2001）.

B-3-5　山地の隆起速度

海成段丘や隆起汀線地形などを用いて隆起速度を求めることは広く行われてきたが，山地自体の隆起速度を推定することは重要な意味をもつにもかかわらず容易ではない.

第四紀地殻変動研究グループ（1968）は，地形・地質学的方法によって日本列島の隆起・沈降量図を作成した．ここでは，隆起速度は侵食小起伏面（あるいは山頂高度のそろった山地の高度）を準平

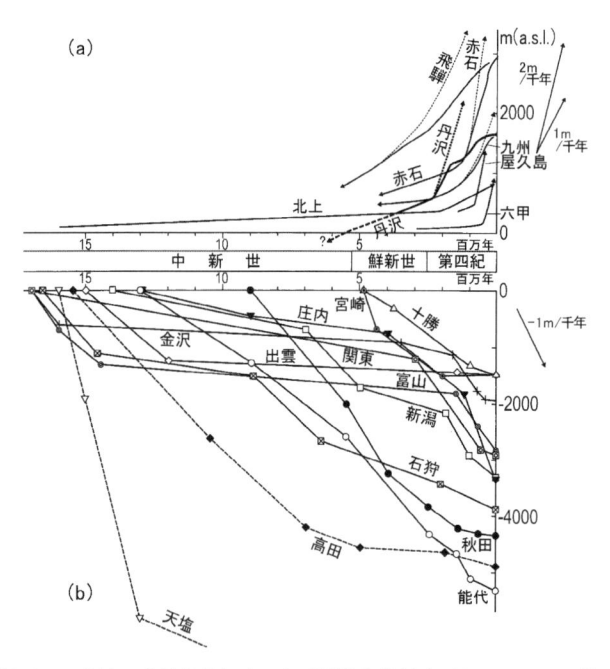

図 B-3-4　山地の成長曲線（a）および沈降曲線（b）（町田, 2009 を修正）
（b）は藤原（2001）に基づく.

原遺物と仮定し，その高度と年代既知の地層などから推定される年代に基づいて求められた．沈降速度については年代が既知の地層の深度から推定された．この図は日本列島における隆起・沈降運動の大勢を示すものとして画期的な意味をもっていたが，そのもととなる高度や年代とも高い精度を要求できるものではなかった．その後改訂された山地の成長曲線と沈降曲線を図 B-3-4 に示す．

この図に示されるように，主要な山岳地の隆起は 5 Ma ごろから始まり主に 3 Ma—2 Ma から本格化すること，盆地の形成も古く始まるものもあるが第四紀に加速している傾向が読み取れる．

なお，海成段丘などを用いることのできる海岸部（前述）に比して，従来内陸部の隆起速度を知ることは困難であったが，田力・池田（2005）などは，河成段丘の高度から内陸部の隆起量を推定する方法を提唱した．これは，第四紀の氷期―間氷期サイクルに対応して河川の河川縦断形が変化するというモデル（Dury, 1970；貝塚, 1969；高木ほか, 2000 など）に基づき，同様の気候条件下では氷期（あるいは間氷期）の河川縦断形は相似形をなすという仮定のもとで，それらの（たとえば，MIS 2 と MIS 6 に形成された）縦断形の比高を隆起量とする方法である．

B-4　山地の地形変遷—氷河・周氷河作用および斜面の物質移動

　山地の形成には，テクトニクスや火山活動，マグマの貫入などによって高度を獲得する過程とともに，河川作用，風食作用，氷河・周氷河作用，マスムーブメントなどの過程が働いて侵食が生じ，急峻な山を形成したり起伏を小さくする過程がある．
　こうした山地の侵食の過程の中で，ここでは氷河作用，周氷河現象，斜面の物質移動に触れておく．

B-4-1　氷河作用

　現在，地球温暖化の中で山岳氷河の後退が世界各地で注目されている（IPCC, 2007 など）．ヨーロッパでは古くから山岳氷河の変動が調査されてきた（大村, 2010）．過去 3500 年間のヨーロッパアルプス最大のアレッチ氷河などの氷河の消長は最も長期にわたり詳細に調査されたものである（図 B-4-1）．氷河は 7000〜5000 年前の時期に最も後退したが，4000 年，2500 年，1400 年，700〜150 年前に進出，これらは寒冷期を示し，グローバルに認められる．そして現在その急速な後退が地球温暖化との関連で注目される．
　地球上の氷河は現在，北半球ではグリーンランドに，南半球では南極に大陸氷床があり，この両者で地球上の氷河の 97 ％の面積を占める．このほか，山岳氷河が各地に存在する．氷河の分布は，年間を通して降った雪が，残るか消えてなくなるか，氷雪の涵養量と消耗量によって決定される．この 2 つがつりあった高度を平衡線高度（雪線高度）と呼び，氷河はこの高度より高いところに生じる．この高度は，両極地方に向かって低くなり南極やグリーンランド，北極海では最も低くなる．一方，低緯度地方では高い位置にあり，この高度を突き抜けた高山にのみ氷河が存在しうることになる（図

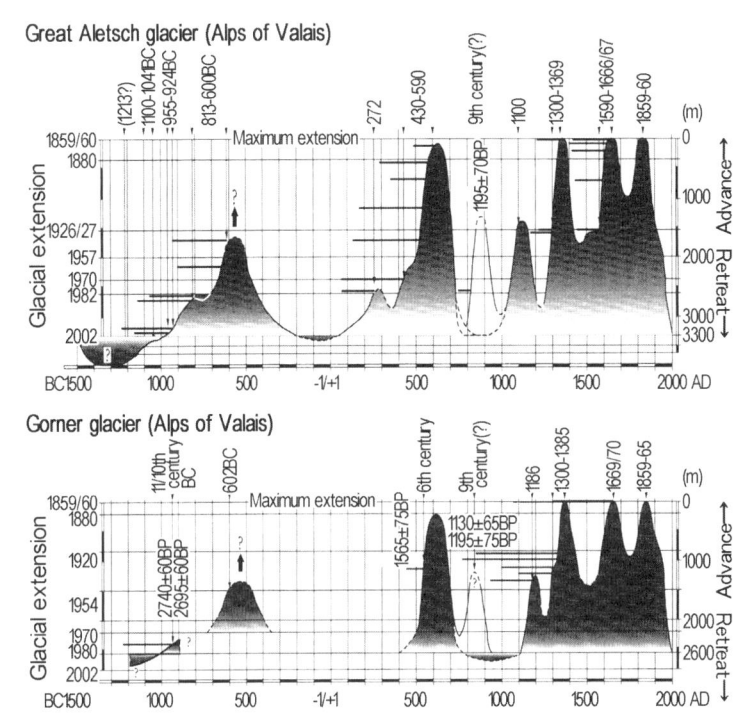

Great Aletsch glacier (Alps of Valais)

Gorner glacier (Alps of Valais)

図 B-4-1 ヨーロッパアルプスのアレッチ氷河とゴルナー氷河の過去3500年間の消長（Holzhauser，1997に基づく．大村，2010を修正）

縦軸右の数字は1859/60年の氷河末端位置を基準とする後退量（m）を示す．縦軸左の年数は1859/60年以後2002年までの近年における氷河の後退量を示し，BC1500年以降の長期にわたる氷河の消長と対応させてみることができる．

B-4-2）．実際に熱帯，亜熱帯地域でも標高4000〜5000 mを超す高度には氷河が存在する．赤道に近いが山頂に氷帽を有するキリマンジャロ山頂は5895 mある．日本列島には現在氷河が存在しない．最も高い富士山より上空に計算上の平衡線高度があるためである．

氷期にはこの平衡線高度は低下していた．その低下量は一般に

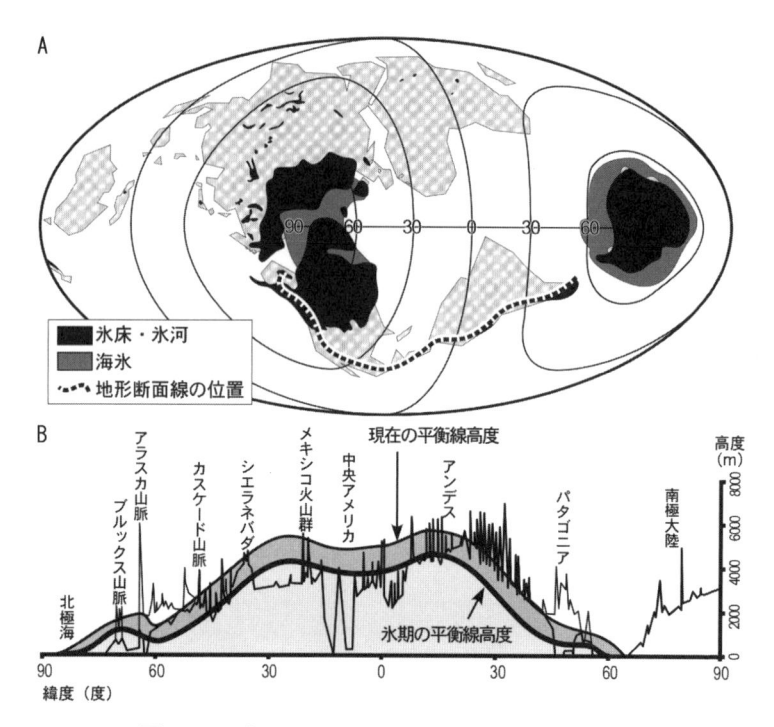

図 B-4-2 氷期と現在の平衡線高度と氷河・氷床の分布
(Broecker and Denton, 1990 に基づき改変)
A：最終氷期極相期の氷河分布，B：平衡線高度（現在と最終氷期極相期）地形断面は北米・南米大陸の高所を結ぶ．

1000 m から 1500 m 前後に及ぶ．日本列島では本州中部で 3000 m 以下まで，北海道では 2000 m 以下まで低下した（図 B-4-3, -4）．北アルプスや中央アルプス，あるいは北海道の日高山脈には氷河が存在したことを示す地形的な証拠が残されている．圏谷（カール）やモレーンである（小野・五十嵐，1991）．

　テフラなどを活用してこうした氷河地形の年代もかなり求められ，日本列島の氷河活動期は図 B-4-3 のようにまとめられた．

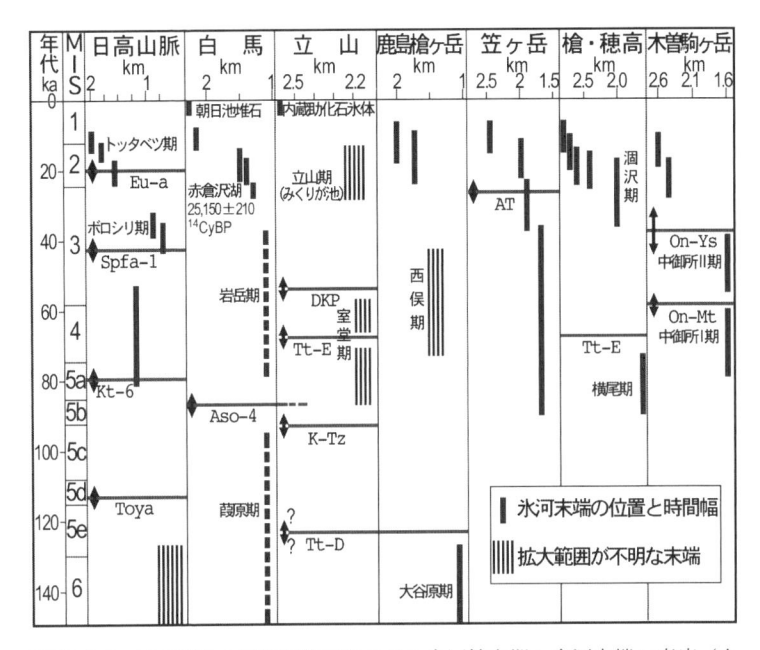

図 B-4-3　日本列島の第四紀後期における氷河拡大期と氷河末端の高度（小疇・岩田（2001）を修正した町田・新井（2003）を修正）

B-4-2　周氷河現象

　周氷河作用は森林限界を越えた高山帯やツンドラ帯に特有に働くもので，凍結融解作用が繰り返し作用し，周氷河地形を作り出す．凍結融解作用には，寒い冬の朝に見かける霜柱が地面を持ち上げる凍上と呼ばれる現象のほか，凍結破砕，融解した土がゆっくり移動する流動，熱収縮の4種類がある（小疇尚研究室編，2005）．

　氷河分布域の周りには凍土帯が広がっている．凍土帯における凍結融解作用が繰り返される中で，多様な周氷河現象が発生する．

　永久凍土帯は，夏季を越えて凍土が分布する地域で，夏季には表層のみ融ける（活動層という）が，その下に凍土が存在する．冬季

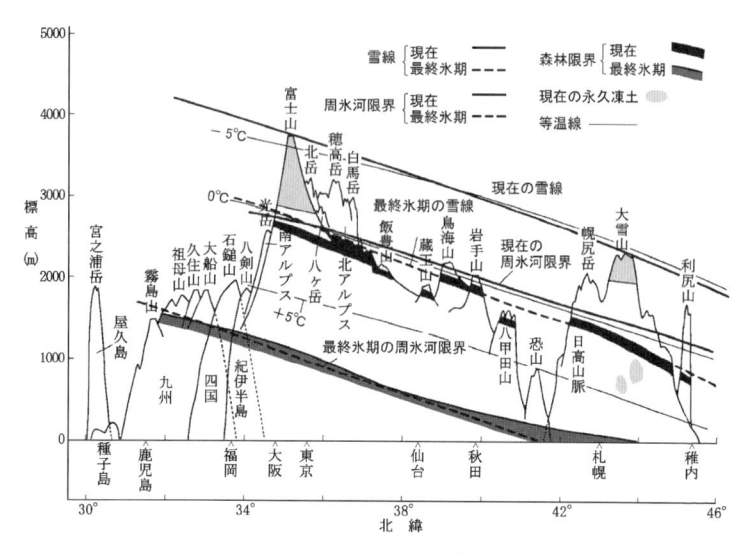

図 B-4-4 日本の最終氷期と現在における，平衡線（雪線），森林限界，周氷河限界などの高度の比較（小疇・岩田, 2001）

にのみ凍土が形成され，夏季には存在しない場合，季節凍土と呼ばれる．また，条件の良い場所にのみ形成される永久凍土は不連続的永久凍土と呼ばれ，日本では大雪山や富士山などで見いだされている．アラスカやシベリアでは永久凍土の厚さは 600 m にも達する．

代表的な凍土現象として，構造土，アイスウェッジ，パルサ，ピンゴ，アースハンモック，インボルーションなどがある．これらの詳細は小疇尚研究室編（2005）を参照されたい．その形成条件については多くの議論があるが，永久凍土の存在を示すものとして，アイスウェッジ・カストとパルサが重視される．よく知られる構造土は形成条件として必ずしも永久凍土の存在を必要としない．

最終氷期にはこうした周氷河現象はどこまで広がったか，は当時の日本列島の環境条件を推定するうえで大きな要素となる．図B-4-4 は周氷河現象の分布から推定した当時の周氷河限界で，現在より

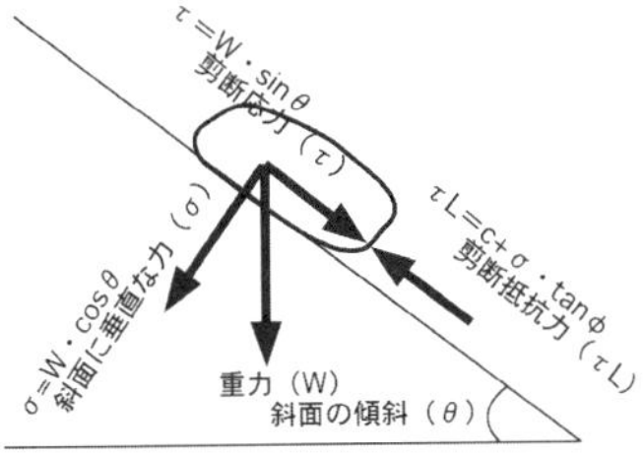

図中: $\tau = W \cdot \sin\theta$ 剪断応力 (τ)　$\tau L = c + \sigma \cdot \tan\phi$ 剪断抵抗力 (τL)　$\sigma = W \cdot \cos\theta$ 斜面に垂直な力 (σ)　重力 (W)　斜面の傾斜 (θ)

図 B-4-5　斜面上に働く力

1000 m 程度低下し，北海道は低地まで不連続的永久凍土帯に位置し，山岳部や最北部には連続的永久凍土が存在したと推定されている．また，本州は季節的凍土帯に位置していた（小疇・岩田，2001）．

B-4-3　斜面の物質移動
（1）　マスムーブメントとは

　斜面に存在する表層物質が，流水・氷河・風の作用によってではなく，重力の作用で集合的に移動する過程をマスムーブメントという．山間部における侵食・運搬，山地の解体にかかわる重要な過程であり，しばしば災害を引き起こす．実際にはそれほど単純ではないが単純化して表現すれば，斜面上にある物体について何らかの原因で剪断応力（τ：斜面下方に向かう力）が剪断抵抗力（τL：主として粘着力と摩擦力）を上まわるときに発生する（図 B-4-5）．降雨が続くと表層物質に水が吸収されて重量が増す，粘着力が低下する，基盤岩と表層物質の間に水の流れが生ずる，表層物質に水が飽和して流動しやすくなる，などといった剪断抵抗力が減少し，マスムーブメントが発生しやすくなる．また，地震による振動があると剪断抵抗力が減少しマスムーブメントの発生につながることがある（磯，1989）．近年，時間降雨量 100 mm を超すような降水強度をもつ豪雨や，また1回の降り始めからの総降雨量が 2000 mm を超

えるような記録的豪雨も現れており，警戒を要する．

このように降雨と地震はその誘因として最も重要なものであるが，実際にはこれらが複合して関与している場合が少なくない．

（2） 斜面における物質移動様式

斜面上での物質の移動様式は崩落，滑動，クリープ，流動に分けることが多い．

崩落は一般に，落石，転石などから面的に起こる崩壊，崖崩れなどまである．

滑動は一般に地すべりと呼ばれる現象で，表層物質が剪断面などをすべり面として集合的に下方移動する現象である．

クリープはきわめてゆっくりした下方移動を起こすもので，土壌クリープと，岩石が下方に向かって塑性変形する岩石クリープがある．土壌クリープは表層物質の膨張・収縮によるもので土壌の水分や温度の変化による．土壌水分の凍結融解も含まれる．

流動は，表層物質中の岩屑や土粒子が空気や水と一体になって重力によって集合的に移動するもので，ソリフラクション，土石流，岩屑なだれ，クイッククレイ性崩壊などがある．

実際の斜面物質の移動には中間的なものや複合したものがある．

（3） 土石流と岩屑なだれ

土石流と岩屑なだれは人間生活に多大な影響をもたらす．

土石流（debris flow）は，傾斜の大きい谷底に堆積した土砂が豪雨などにより急激に水で飽和され流動する．集中豪雨，台風などにより頻繁に発生し，破壊力も大きく山間部や平野周辺部に災害をもたらす．細粒物質を主体にするものは泥流（mud flow）と呼ばれる．火山山麓でしばしば発生し火山泥流，ラハールと呼ばれる．

岩屑なだれ（debris avalanche）は大規模な山体崩壊に由来し，$10^7 m^3$を超えるような大量の物質移動がきわめて短時間に起こる最も破壊的な現象である．短期間に高所に山体が形成される火山など地形的に不安定なところで発生し，高速（時速数 10〜100 km 以上）で遠距離まで到達する．山体崩壊は地震，火山活動，豪雨によ

って誘発され，発生頻度は低いが大規模な災害を引き起こす．
　土石流・ラハールと岩屑なだれは B-13，B-14 で詳述する．

B-5　海水準変動・海進海退と第四紀の地層形成

B-5-1　海水準変動とは？

　海水準変動は各地域の地層や地形の形成に大きな役割を果たしている．海水準（海面）はグローバルなものであり，陸地に存在する氷床が拡大・縮小することによって左右される海水量によって決定される．したがって，大局的な海水準変動は基本的に酸素同位体比によって求められる気候変動曲線で示される（図 A-2-3，図 A-3-1 など参照）．こうしたグローバルな海水準変動は，汎世界的海水準変動（ユースタシー）と呼ばれる．一方，個々の地域の地層や地形の形成にかかわる海水準変動は，各地域の条件により左右され，相対的海水準変動と呼ばれる（本シリーズ，4 巻，A-3 参照）．

　氷床が存在する土地は氷床が融解してなくなれば，アイソスタシーの原理に基づいて氷床の負荷の分だけ隆起する．氷床が融解した水が大量に流れ込む大洋底は増加した海水の負荷に見合う量だけ沈降する．逆に氷床が拡大すれば逆のことが生じる．前者の過程をグレイシオ・アイソスタシー，後者をハイドロ・アイソスタシーという．氷床の増減の影響を直接受ける地域はニアフィールド（near-field）と呼ばれ，グレイシオ・アイソスタシーの大きな影響を受ける．したがって海水準の検討には，ニアフィールドから十分に離れたファーフィールド（far-field）が望ましい．しかし，ファーフィールドにおいても海水の増加にともなう海底の沈降が起こり，陸と海の境界付近では若干の隆起が生じる（図 B-5-1）．ハイドロ・アイソスタシーの過程が働くからである（横山，2002；2006）．日本列島のような大陸の周辺部では，海底がハイドロ・アイソスタシーによって沈降するときに反発して隆起するため，縄文海進最盛期には海面は現在より 2～3 m ほど高くなったが，海水量としては現在

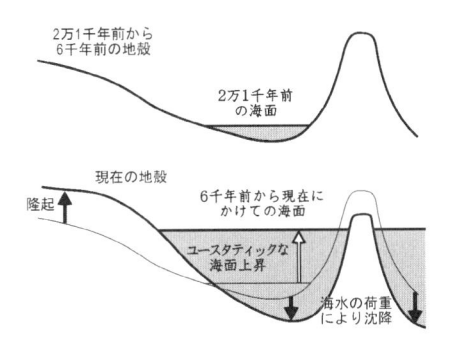

図 B-5-1　ハイドロ・アイソスタシーと海水準変動（横山，2002 に基き改変）

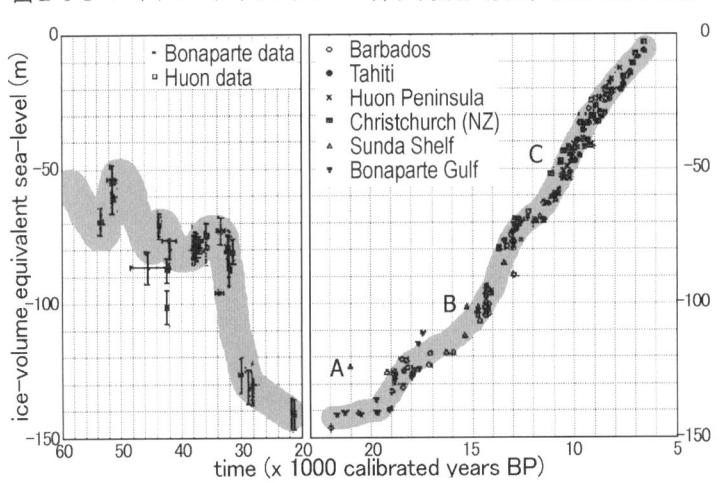

図 B-5-2　過去 6 万年間の氷床量変化に対応する海水準変動曲線（Lambeck *et al.*, 2002 の図に網を加筆）

図中の A は LGM，A の後 19 ka から海面は上昇，B の 14.5 ka で急上昇（MWP-1a），C で再び急上昇（MWP-1b）．

が最も大きい．

　図 B-5-2 はファーフィールドで得られた氷床量変化に対応する

海水準変動曲線である（Lambeck *et al.*, 2002 に基づく）。図中のAは最終氷期最盛期（LGM）で海水準は−140 m 付近にあった。Aの後，1.9万年前頃から氷床の融解が始まって海面は上昇を開始したが，氷床の融解が顕著に進んだ時期が存在した。melt water pulse（MWP）と呼ばれ，Bの1.45万年前で急激な氷床の融解が進み急上昇（MWP-1a：融氷パルス-1A），ヤンガードリアス期の直後（C）でも急上昇（MWP-1b）が生じた。

新潟平野には日本で最も厚い沖積層が分布し，海水準変動の影響が早期から得られることが期待される。深度115 m に及ぶ堆積物について珪藻分析により塩性湿地の環境がチェックされ（図B-5-3），沈降量を補正したうえで，1万3000年から9000年前に至る海

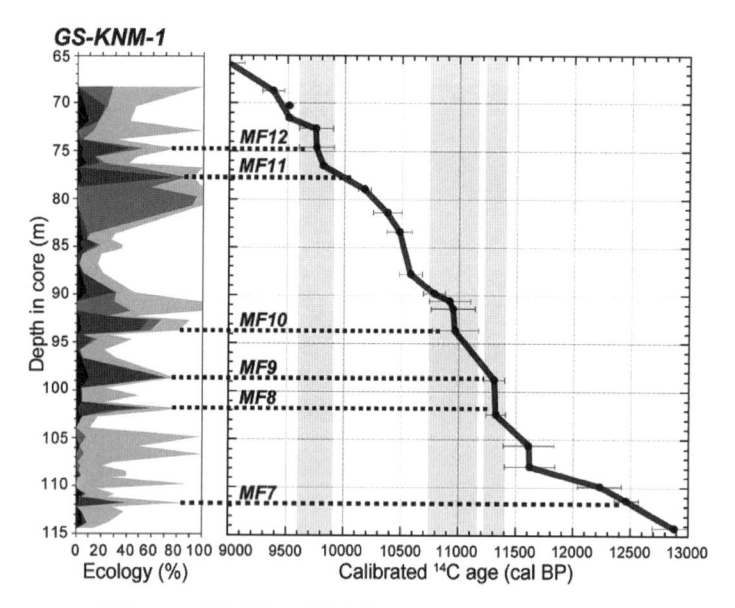

図 B-5-3　越後平野の珪藻分析に基づく堆積環境と堆積曲線
環境は海水（濃）から淡水（白）まで5段階で示す．（Tanabe *et al.*, 2010）
3つの灰色の帯において汽水の侵入と堆積速度の上昇時期が一致

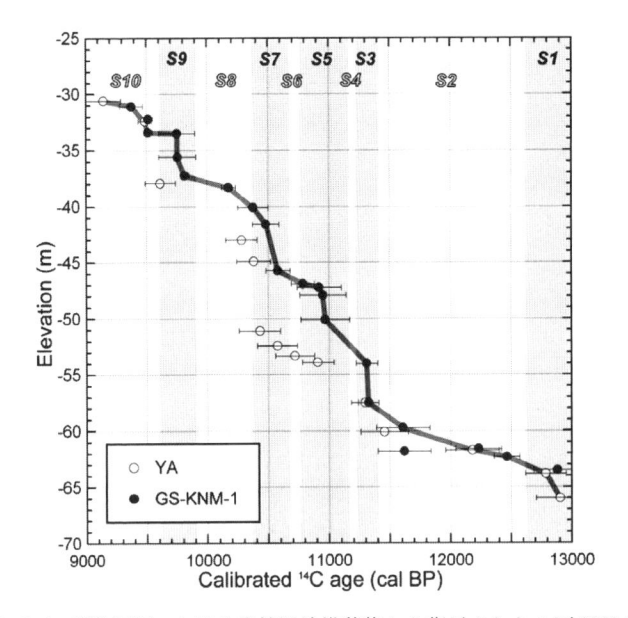

図 B-5-4　越後平野における塩性湿地堆積物から復元された1万3000年〜9000年前の相対的海水準変動（Tanabe *et al.*, 2010）
YAとGS-KNM-1の2本のボーリングコアの年代値が示される．灰色の帯は相対的海水準の急上昇期

水準変化が検討された（Tanabe *et al.*, 2010；図 B-5-4）．主要部に関しては図 B-5-2 や Fairbanks *et al.* (1997)，Bard *et al.* (2010) などの造礁サンゴにおける海水準変化とタイミングがよく合っているといえるが，さらに地震による地殻変動（沈降）が加わっている可能性が指摘されている（Tanabe *et al.*, 2010）．

B-5-2　海進・海退―縄文海進と貝類群集―
（1）旧海水準指標，海水準変動の復元

　東京湾の沿岸部のボーリング調査では，およそ1万1000〜9500年前頃，−40〜50 m 前後でマガキの殻が密集して見いだされること

が少なくない．たとえば，羽田空港付近ではマガキの密集部は多数のコアから見いだされる．こうした産状から水平的に 100〜300 m ほどの広がりをもつカキ礁が多数広がっていたと考えられる（関本ほか，2008）．それは完新世になって海が上昇を始め，ちょうど現在の海岸線付近で－40〜－50 m に到達したことを意味している．マガキは潮間帯下部から潮下帯にかけて，淡水の供給される河口部などの汽水的で水のきれいな所に生息する（鎮西，1982）．したがって，当時のカキ礁の形成は完新世における海の陸地への浸入の開始を意味するよい指標である．同時にその地域の海水準の優れた指標といえる．図 B-5-5 はカキ礁に，潮間帯に棲む貝類の年代値を

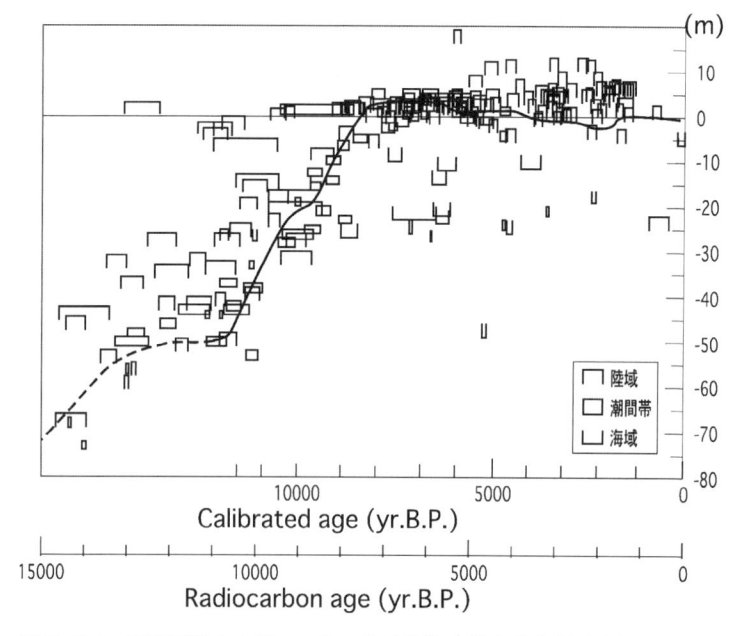

図 B-5-5　関東平野中央部における相対的海水準変動曲線（遠藤・小杉，1990；遠藤，2009 を修正）

加えて作成された関東平野中部の相対的海水準変動曲線である．

その後，海面は急激な上昇を示すとともに関東平野の内部に浸入して縄文海進を引き起こした．カキ礁も海進とともに内陸側に移動していく．縄文海進は関東平野だけでなく，各地で認められる．

（2）海進・海退，海水準の指標

海進・海退や黒潮・親潮の盛衰，また海水準変動そのものをとらえるための指標として貝類群集が最もよく用いられてきた．

図 B-5-6 は，内湾および沿岸における生息環境と貝類群集の区分を示したものである．海水準変動の把握には潮間帯に生息する貝類やフジツボ，カキ礁，サンゴ（礁），ヤッコカンザシなどが過去の海面指標として用いられる．マングローブ，海食洞などの離水海岸地形なども役立つ．

さらに熱帯種群─亜熱帯種群─温帯種群を見分けることによって，完新世における黒潮や対馬海流の消長など海況変化が求められ

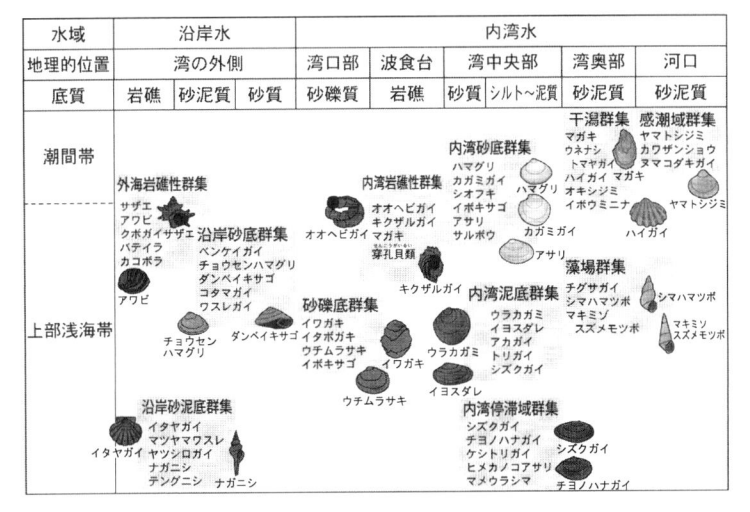

図 B-5-6 内湾および沿岸における生息環境と貝類群集の区分（松島，2010 を修正）

ている(松島, 2010 など). 図 B-5-7 は北海道における完新世の対馬暖流の脈動を温暖種の消長に基づいて復元した例である.

B-5-3 海と陸の相互作用―海水準変動とデルタの発達―

日本列島では太平洋や日本海に直接注ぐ河川は主に砂堤列平野(バリア島システムの発達した平野)を形成するが, 波浪の影響の弱い東京湾, 伊勢湾, 瀬戸内海, 有明海などに注ぐ河川はデルタ(三角州)を形成する. 図 B-5-8 は海進・海退と沿岸の環境要因との関係の中で, 各平野の特性が生じることを示す(斎藤, 2006).

デルタ(河川卓越デルタシステム)は,「河川によって運ばれた土砂が河口付近に堆積し, 海岸線や湖岸線の前進によって形成される堆積地形である」(堀・斎藤, 2003;2009)とされ, 前進することが大きな特徴となっていて, その河口部先端はカスプ状, ローブ状, 鳥肢状をなして突出する.

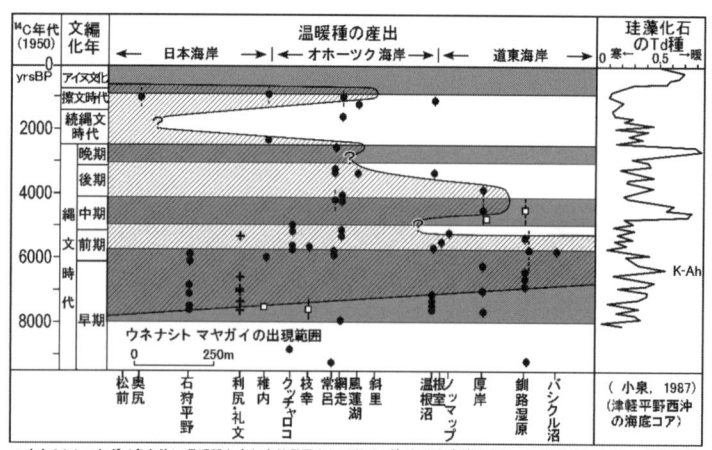

図 B-5-7 北海道における完新世の温暖種の消長からみた対馬海流の脈動(松島, 2010 を修正)

デルタの前進は，海水準上昇の速度が低下し河川による土砂供給量が上まわった8000～6000年前ごろから始まる．したがって，河川の作用が主であるが，そこに波浪の作用と潮汐の作用が加わり，波浪影響型，波浪・潮汐混合型，潮汐影響型の，異なるタイプのデルタが形成される（斎藤，2005；堀・斎藤，2003，2009）．

これに対して砂堤列平野では，海進の初期からバリア島の形成があり，海水準の上昇とともにバリア島の発達を軸としながら平野の形成が進んできた点から，デルタとは異なる性格をもつ．

ただし，デルタの形成の後期に波浪の影響を強く受けるようになって，沿岸に浜堤列をもつタイプも存在する．

バリア島システムは，海進の初期からバリア島が形成され，海面

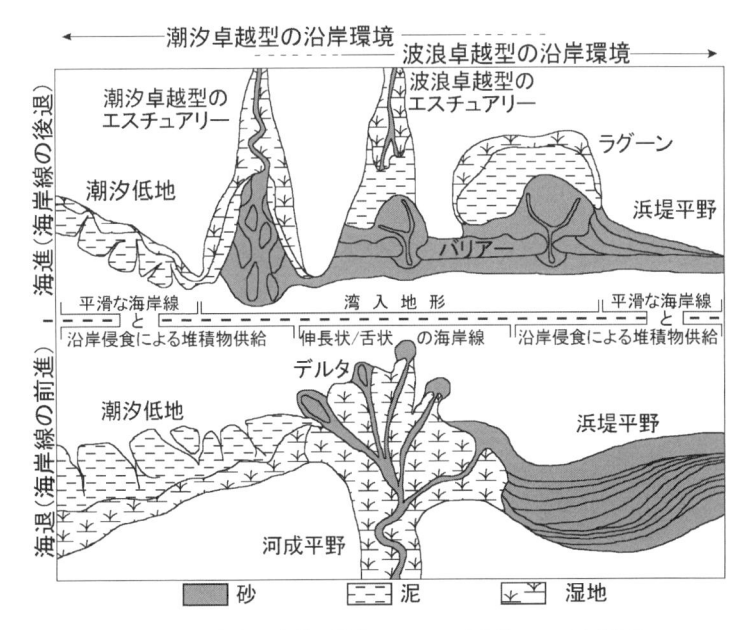

図 B-5-8　海岸沿岸域の堆積システム（斎藤，2006を修正）

上昇とともに発達していくもので，前面には浜堤列ができ，しばしば砂丘に覆われ一体となって発達する．また，後浜に形成されるストームビーチを母体に砂丘砂が覆ってできた浜堤が何列も形成される場合もある．砂堤列の背後には潟湖（ラグーン）が形成されるので，バリア島・ラグーンシステムとも呼ばれる．

シーケンス層序やデルタシステム，その堆積物の特徴については，本シリーズ，4巻『シーケンス層序と水中火山岩類』に詳細に解説されているので参照いただきたい．また本シリーズ，3巻『堆積物と堆積岩』のB-5-3，(3)デルタシステムにも記述がある．

B-5-4 バリア島システムの例

下総層群はバリア島システムを基本として形成された（岡崎・増

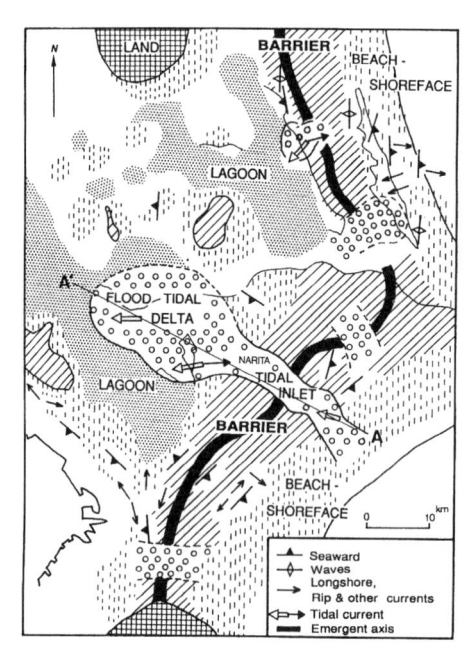

図 B-5-9 古東京湾の堆積システムの分布と古流系 (Okazaki & Masuda, 1995)

凡例：Seaward：海の方向，Waves：波，Longshore, Rip & other currents：沿岸流・離岸流など，Tidal current：潮汐流，Emergent axis：バリアー島の軸，図中：Tidal inlet：潮流口

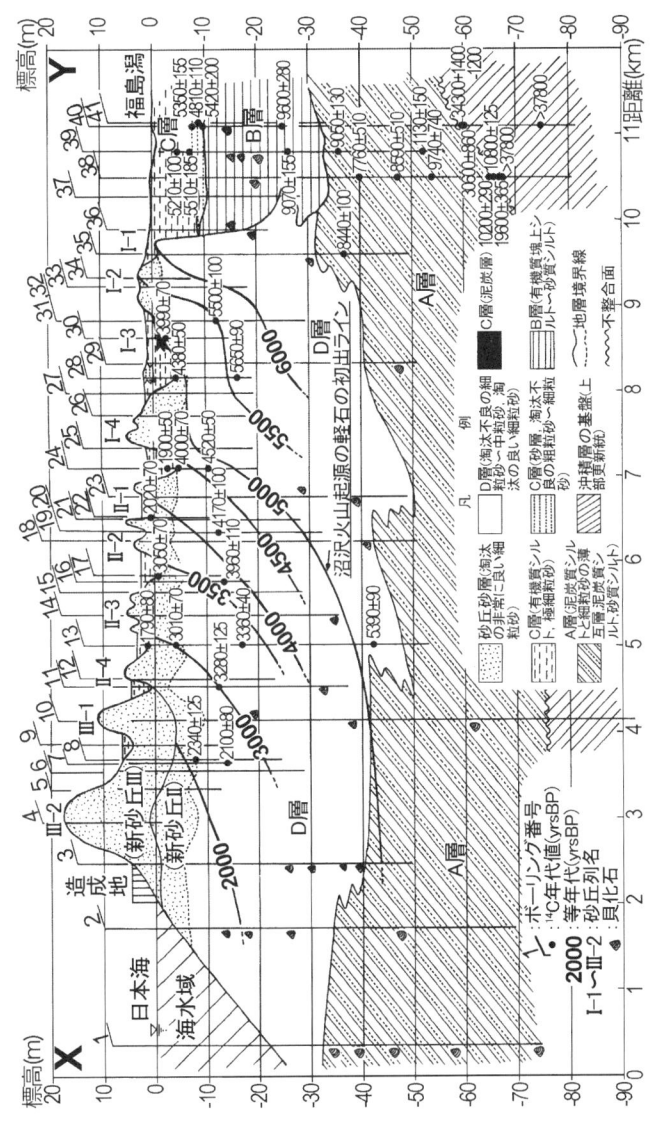

B-5 海水準変動・海進海退と第四紀の地層形成　93

図 B-5-10　新潟平野のバリア島・ラグーンシステムの形成（鴨井ほか，2006 を修正）

田，1992；Okazaki & Masuda, 1995 など）．

　バリア島は北海やメキシコ湾沿岸などでよくみられ，海岸に沿うように存在する沖合の細長い島である．これによって外洋と隔てられた海は潟（ラグーン）と呼ばれている．潟と外洋は水路（潮流口）で結ばれ，潮流口の潟側と外洋側にはそれぞれ上げ潮潮汐三角州と下げ潮潮汐三角州が存在する．バリア島の外洋側には砂丘や砂浜が，潟側には潮汐低地や塩水湿地などが広がる．バリア島システムとはこれらの堆積物をまとめたものを呼ぶ．したがってバリア島システムは，外浜―海浜システム，潮流口相，潮汐三角州システム，潟・内湾相などからなる（図 B-5-9）．

　現在，海岸砂丘の発達過程が最も詳しく解明されているのは新潟砂丘である．鴨井ほか（2006）によると，バリア島の形成，バリア島の上方への成長，新砂丘Ⅰの形成（Endo, 1986 の旧砂丘 Do-1 に相当），新砂丘Ⅱの形成（旧砂丘 Do-2, 3 に相当），新砂丘Ⅲ（新砂丘 Dy に相当）の形成と進行した．バリア島の形成は 8000〜5000 年前に生じ，バリア島・ラグーンシステムが成立した．海水準上昇とともにバリア島は上方へ成長し，さらにその上に砂丘を発達させながら，海側に付加され砂丘列が次々と発達していった．図 B-5-10 はこの過程をよく表している．

　新潟平野のこのようなバリア島形成後に砂堤列平野が海側に付加されていく過程は，九十九里平野，勇払平野，石狩平野（紅葉山砂丘）などと基本的には同様と考えられる．

B-6　湖沼堆積物，湿原堆積物調査法
—陸域から得られる情報

B-6-1　湖沼堆積物

　湖沼堆積物は陸域における環境変動の大きな情報源である．日本の研究者が手がけてきた琵琶湖，バイカル湖，水月湖などの研究は先端的事例である．水月湖の湖底コアの年縞を活用した高分解能な研究は，国際的に注目を集めている．年縞自体の詳細な検討については Nakagawa et al.（2011）を参照されたい．また，湖沼堆積物はテフラの保存がよく，年代決定，対比に活用される．

B-6-2　湖沼堆積物に応用されるプロキシ

　湖沼堆積物を用いて環境変動を解明するためにさまざまな手段が用いられる．これをプロキシという．湖沼堆積物や内湾堆積物に主に用いられているプロキシを表 B-6-1 に示す．

　表 B-6-1 にある微粒炭については近年研究が進められている．人類による火の使用により人為による燃焼によって生じた燃焼痕跡物や化石燃料の燃焼によって生成される球状炭化粒子が湖沼堆積物や土壌にしばしば含まれる．特に完新世においては森林破壊，焼畑，土器の焼成，調理などにより，微粒炭は急増する．球状炭化粒子は産業革命以後含まれるようになる（井上，2008 など）．

　公文（2003）や田原ほか（2006）は，野尻湖の湖底堆積物や長野市の高野層において全有機炭素（TOC）の詳細な測定を行い，花粉組成の分析と合わせて，グローバルな気候変動を示す酸素同位体カーブとよく合致することを示した．高野層は MIS 6，MIS 5 から MIS 4-3 を経て MIS 2 に至る陸域における連続的な古環境記録を提供する湖底堆積物で，厚さ 54 m のボーリングコアは多くの広域テフラにより時間軸が設定された（長橋ほか，2007）．

表 B-6-1 湖沼・内湾堆積物による古気候復元の代表的プロキシ

微化石・大型化石	
珪藻, 有孔虫, 放散虫, 貝形虫	内湾堆積物
花粉, 珪藻	湖沼・湿原堆積物
植物珪酸体	土壌
大型化石 (葉, 材, 種子, 昆虫)	湿地堆積物ほか

地球化学的指標	
酸素同位体比 ($\delta^{18}O$)	湖沼・内湾堆積物, 石筍
TOC, ^{13}C, Mg/Ca,	湖沼・内湾堆積物

その他	
微粒炭	湖沼堆積物, 土壌
樹木年輪	
帯磁率	レス, 堆積物一般

図 B-6-1 は野尻湖堆積物の過去7万年間の TOC や花粉による気候変化で, グローバルな気候変動とよく対応する (公文ほか, 2009).

B-6-3 古植生の解析—花粉と大型遺体—

湖沼堆積物や湿原堆積物に対しては古くから花粉分析の手法が適用され, 植生史や古気候の解明に貢献してきた.

(1) 花粉分析

花粉・胞子は一般に大量に生産され, 花粉膜は丈夫な物質 (スポロポレニン) からなるため, 地層中によく保存され多くは属のレベルまで同定可能である. 風媒花の花粉は風によって広い範囲に散布されるが, 種によって異なる. 花粉組成から植生を復元したり古気候を検討することが可能であるが, 花粉の生産量や飛散距離などについては留意が必要とされる.

花粉だけでなく, 種のレベルまで識別可能な大型植物化石と併用されることもある. 泥炭地 (湿原堆積物), 湖沼堆積物, 内湾堆積

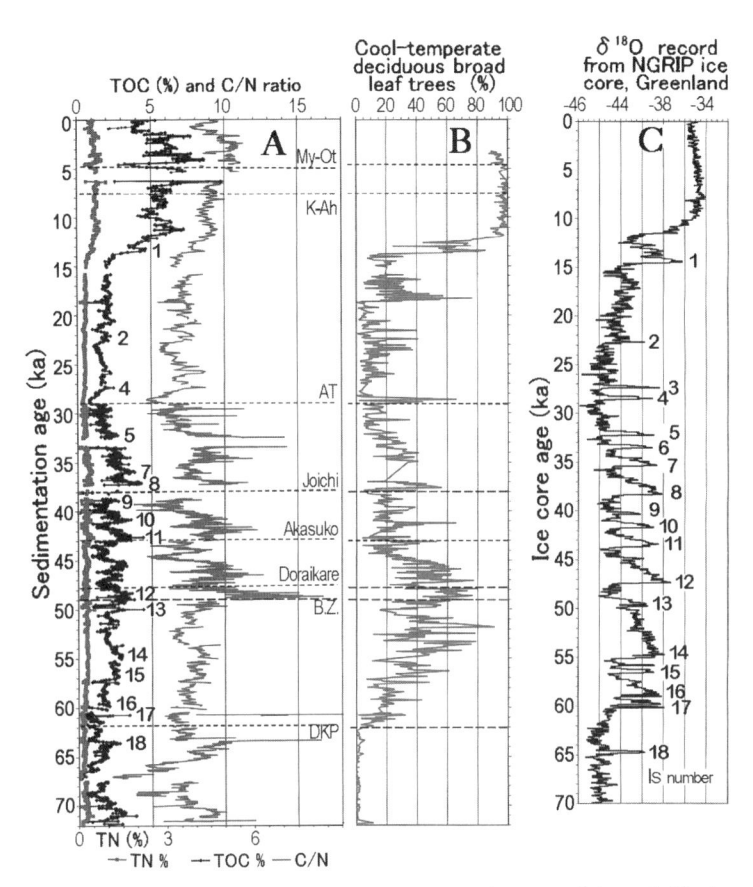

図 B-6-1　野尻湖湖底堆積物の有機炭素含有率を指標とした過去7万年間の気候変動復元（公文・田原，2009を修正）
左から，A：TN，TOC（全有機炭素），C/N，B：亜寒帯針葉樹との総和に対する冷温帯広葉樹の割合，C：グリーンランド氷床の $\delta^{18}O$.

物など，水域の堆積物によく保存される．花粉や大型植物遺体の保存が悪い土壌，ローム層では植物珪酸体が用いられる．

三方五湖の水月湖では年縞を活用して詳細な花粉分析がなされている（Nakagawa *et al*., 2002, 2003, 2006 など）．この一連の研究では，現生表層花粉データに基づき，花粉データセットに対してモダンアナログ法（Modern Analogue Techniques：MAT；中川，2008）が適用された．ここでは，表層花粉データベース，表層花粉採取地点の気候データベースに基づき，最寒月の平均気温（MTCO），最暖月の平均気温（MTWA），冬季降水量（Pwin），夏季降水量（Psum），seasonal temperature variability（Tvar：MTWA と MTCO の差）などの変化が定量的に示された．以上の適用例として，琵琶湖コアについて B-2-5 の図 B-2-7 に示した．

B-6-4　土壌と植物珪酸体（プラントオパール）

土壌は地表を構成する物質（堆積物や岩石など；母材と呼ばれる）に，風化作用や生物作用が加わり生成される．母材として黄砂を始め風成塵（ダスト）や火山灰などが時間とともに添加され，表層の黒色土壌はそれら添加物質の累積によって堆積しつつ土壌生成を進める．したがって，土壌中にテフラが挟まれたり，古土壌が形成されるプロセスは重視される（三浦ほか，2009 など）．

関東ローム層を代表とする火山灰土は全国に存在し，腐植が集積した黒土，黒ボクなどの黒色相と，腐植に乏しいローム層などの褐色相に分けられる（加藤，1988）．黒色相の生成にはススキやササ類などの草原的植生が，褐色相の生成には森林植生が強く関係する．

一般に火山灰土から環境変動を求めることは難しかったが，佐瀬ほか（1987, 2008）などは，関東ロームや各地のローム層に含まれる植物珪酸体を用いて環境変動の復元を試みた．関東ローム層や東北北部，北海道の火山灰土の植物珪酸体分析から，最終間氷期→最終氷期→完新世に対応した植物珪酸体の変動が解読された．氷期では，ササ属起源珪酸体が減少あるいは消滅し，イチゴツナギ亜科（最も寒冷環境に適応したイネ科植物の分類群）起源や針葉樹起源

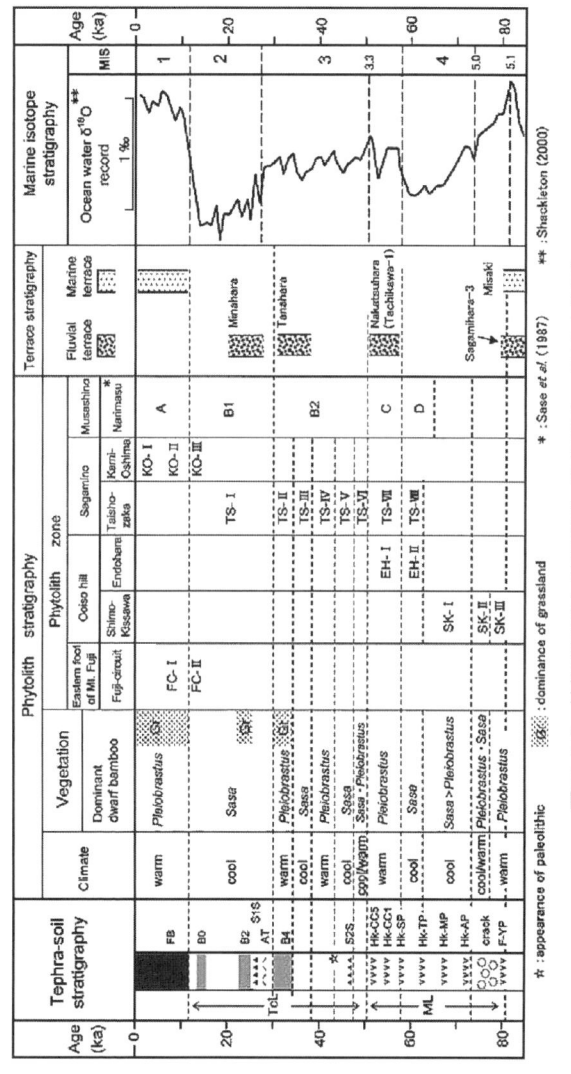

図 B-6-2 植物珪酸体と気候変動（佐瀬ほか，2008 を修正）

の珪酸体が増加する．最終間氷期・完新世ではササ属起源珪酸体が増加し，MIS 5 e ではメダケ属起源珪酸体が増加する（図 B-6-2）．

B-7 火山地質調査の基礎

　火山から遠く離れた地域には，大規模噴火による降下テフラが何層も堆積しているのが観察できる．しかし火山体に近づくと，古い時代の噴出物は埋積され，地表付近に分布するのは比較的新しい噴出物のみとなる．特に大規模噴火を起こした火口近傍では，最新の噴火期の噴出物（降下テフラだけでなく，火砕流や溶岩流）が厚く堆積している．それゆえ火山の遠方での調査では，主に火山の噴火履歴（噴火史）を調べることができ，火山近傍の調査では，個々の噴火の推移を解明することができる．そのため火山の研究では，遠方におけるテフラの研究とともに，火山近傍における調査も非常に重要となる．

B-7-1　遠方の露頭での調査

　遠方の露頭観察で最も重要な点は，噴火堆積物と非噴火堆積物を識別することである．噴火堆積物とはテフラの層準であり，非噴火堆積物とは主に土壌層に対応する．テフラは爆発的噴火の発生した比較的短期間（数時間～数年以内）に堆積する．一方，土壌層は基本的には風成層であり，噴火のない期間（正確には，露頭で識別可能な噴火がなかった期間）に徐々に形成されていく（図 B-7-1）．

　テフラ層の直下の土壌は当時の地表面に相当する．土壌層は一般に無層理で細粒物質が主体である．色の黒い場合には黒ボク・黒土と呼ばれるが，数万年以上前のものでは風化により黄褐色を呈しており，ローム層と呼ばれる．このように「噴火期」にはテフラ層が堆積し，「休止期」には土壌層（ローム層）が形成されていく．

　ところで遠方では「土壌層＝休止期」と認識されても，火山体に近づくと土壌の中に薄いテフラ層が挟在することもある．また，遠

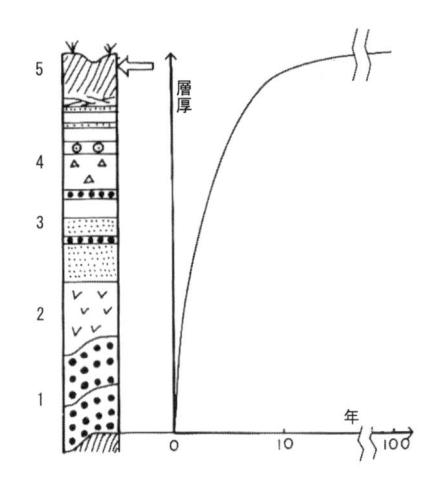

図 B-7-1 1輪廻の噴火における噴出物の厚さと時間の関係（Nakamura, 1964 を一部修正）
1，基底の降下テフラ．2，溶岩流．3，火山灰の互層．4，2次堆積物．5，土壌層．

方では単一と見えたテフラ層（あるいは土壌層）が，山体に近づくと厚さを増し，さらには何層ものテフラ層の集積物となり，山体を構成する溶岩・火砕岩の互層に対応することもある（図 B-7-2）．なお噴火によっては溶岩の流出がメインで，テフラをほとんど出さないケースもある．そのため遠方における大規模噴火のテフラのみでは，噴火史の全体像を把握することはできない．

次に各テフラ層の特徴を把握する．構成物質（軽石，スコリア，岩片など），色，層厚，粒径，堆積構造などを記載する．粒径を比較するためには，平均最大粒径を記録しておくと便利である．具体的には，露頭からできるだけ大きなサンプルを3つ取り出し，それらの最長径の平均値（35 mm 等）で示す．軽石と岩片は密度が異なるため，別々に計測しなくてはならない（軽石（MP），岩片（ML）で表示）．このような記載をたくさんの露頭で行い，地形図上の露頭位置に層厚や最大粒径のデータをプロットすると，テフラ

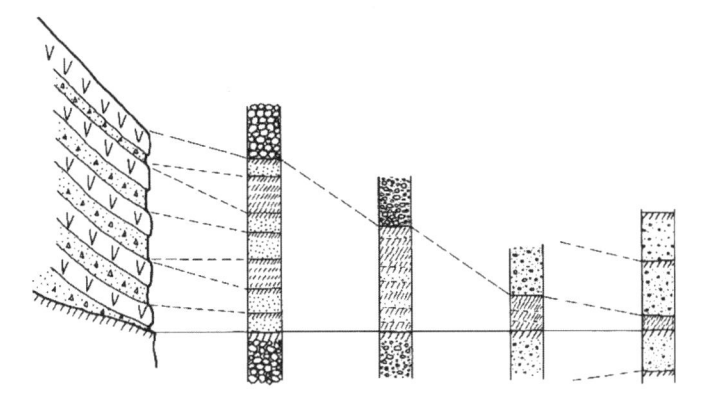

図 B-7-2 砂質火山灰（火山砂）層の側方変化（小林，1986b）
遠方では降下軽石層の間の土壌層のように見えるが，山体に近づくにつれ複数の層に識別され，山体では非常に厚みを増し，溶岩と互層するようになる．このテフラは，桜島の南岳火山が成長する過程で放出されたものであり，その集積期間は約3000年である．

層ごとの等層厚線図（isopach map）や等粒径線図（isopleth map）が作成できる（図 B-7-3）．それらは噴火地点の特定や，噴火の規模（噴出量）や強さ・激しさ（噴煙高度や噴出率）を調べる基礎データとなる．

なお，細粒で全域を通じて層厚変化に乏しいテフラは，遠方から飛来した広域テフラの可能性がある．熱雲火山灰（B-10-1参照）であれば，発泡した火山ガラス片（glass shards）が主体となる．

調査における注意点を1つ挙げておく．遠方でも火山体の近傍でも，特に急斜面におけるテフラ層の調査には，十分な注意が必要である．まず粗粒なテフラであれば，斜面の下方に集積し層厚を増している可能性がある（逆に薄くなる部分もある）．また，やや粘着質なテフラ層では，小規模な表層滑り（スランプ）によってテフラ層が重なり合うことがある．似たようなテフラ層が，限られた地域（特に斜面）にのみ産出する時は，まず同じテフラ層の繰り返しを

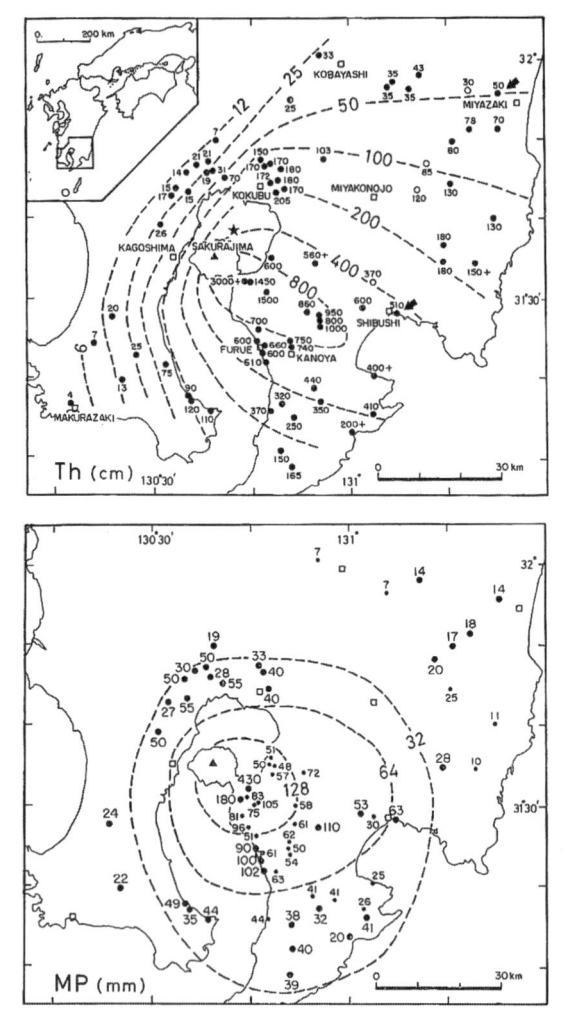

図 B-7-3 （上）大隅降下軽石の等層厚線図，（下）岩片の等粒径線図
（Kobayashi *et al.*, 1983 を一部修正）

疑ってみる必要がある．

　もう1つ重要な点は噴火年代を知ることである．3〜4万年前までであれば，テフラ層中の炭化木片や，テフラ層直下の土壌を用いた^{14}C年代測定が有効である．また直接年代測定ができなくとも，噴火年代のわかっているテフラが2層以上あれば，そのテフラとの相対的な位置関係から，挟在するテフラの噴火年代を推定することができる．土壌層やローム層は噴火の「休止期」に形成された堆積物であり，10年，100年という単位でみると，土壌層・ローム層はある一定の割合で厚さを増しており，その厚さは休止期間の長さと比例する傾向にある．そのため年代のわかっている2つのテフラに挟まれたローム層の総厚を，2つのテフラの時間差（年数）で割れば，ローム層の成長速度（たとえばT mm/100年）が得られ，挟在するテフラの年代を推定することができる．この方法で得られた年代を**層位年代**という．年代測定ができない場合でも，テフラの噴火年代を推定できる簡便な方法ではあるが，鍵テフラ層の少ない層準では大きな誤差を生じることもあり，安易に適用すべきではない．

B-7-2　火山体〜山麓での調査

　火山体の近くでも，噴火堆積物を識別することが最も重要である．大規模噴火では，降下テフラの噴出に始まり溶岩の流出で終わることが多い．途中に火砕流噴火をともなうこともある．山麓での理想的な露頭では，降下テフラ→火砕流堆積物→溶岩流がセットとなって認識できる．噴出物全体が厚くはなるが，腐植層や風化帯の存在で噴火の単位を見いだすことができる（図B-7-4）．

　火砕流堆積物や溶岩流は，同一露頭で何層も重なっていることがある．その境界に腐植層や風化帯が存在しないなら，それらは噴火期間中に次々と堆積したことになる．みかけ上は複数の火砕流や溶岩流の集積であっても，一括して複合流動単位（compound flow unit）として扱う．しかし，一層ずつ別の噴火期の産物であれば，

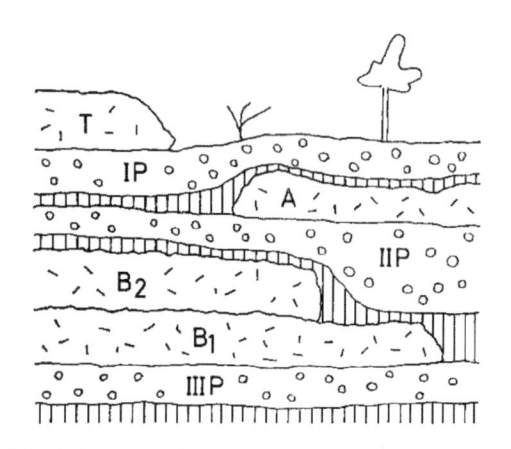

図 B-7-4 桜島火山における火口近傍のテフラの模式的な堆積状況 (福山, 1978)
T, A, B_1, B_2 は溶岩流, IP, IIP, IIIP は溶岩流出に先行して堆積した降下軽石. 時代の異なる噴出物の間には土壌層が発達している.

それぞれが単一流動単位 (simple flow unit) である．溶岩流での事例を図 B-7-5 に示す．溶岩流が直接重なっている場合には，長期の時間差があっても両者間に明瞭な腐植層が発達しない場合もあり，慎重な判断が必要となる．

B-7-3 火口周辺での調査

火口近傍になると，テフラは非常に粗粒で，火砕流や溶岩流なども集積し，特異な火山地形を形成する．そのため1つの噴火の単位を識別することが困難となる．また，噴出物も整然とは堆積しておらず，変形や破砕を受け，元の場所から移動（変位）することもある．このような場所では地形の凹凸が激しいため，現地で火山地形の全体像を把握するのは非常に困難である．しかし空中写真などを活用すると全体像が把握でき，現地調査の重要な基礎データを得ることができる．もし歴史時代の噴出物であれば，噴火記録をもと

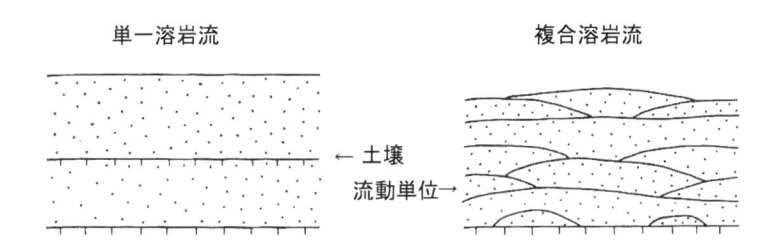

```
単一溶岩流                    複合溶岩流
━━━━━━━━━━━           ━⌒━⌒━⌒━⌒━
・・・・・・・・・・          ・・・・・・・・・・
・・・・・・・・・・   ← 土壌   ⌒・・⌒・・⌒・・⌒
━━━━━━━━━━━  流動単位→  ・・・・・・・・・・
・・・・・・・・・・          ⌒━⌒━⌒━⌒━⌒
・・・・・・・・・・          ・・・・・・・・・・
```

図 B-7-5 溶岩流の流動単位の識別（Cas and Wright, 1987 に加筆）

に，噴火現象と対応する噴出物を識別し，噴火の推移に時間軸を入れることが可能となる．

最後に噴出物の時間差を示唆する面白い事例を紹介する．大規模噴火の場合には，主要なプリニー式噴火に先立って，脱ガスの進んだマグマが噴出することがある．クレーターレイクのカルデラ噴火では，先駆的に噴出した溶岩がまだ熱いうちにプリニー式噴火が始まった（Bacon, 1983）．そのため溶岩を覆った部分のみ降下軽石が強く溶結している（図 B-7-6 左）．ニュージーランドの北島，ハロハロ火山地域で約 9 ka に発生したロトマ噴火では，割れ目火口の北端に噴出した溶岩を覆う降下軽石が赤色化している（Nairn, 2002）．溶岩の割れ目を満たす軽石は，溶けて収縮し黒曜岩に変化しているものもある（図 B-7-6 右）．しかし 5.5 ka のファカタネ噴火では，先行して噴出したハロハロ溶岩ドームの表面を覆う降下軽石層の変色などは認められなかった（Kobayashi *et al.*, 2005）．テフラ層序からは完全に一連の噴火とみなされるが，マグマの噴出率を仮定した計算によると，両者の時間差は約 2 年と推定された．プリニー式噴火の発生時には，溶岩の表面はかなり冷却していたのであろう．また鬼界カルデラの 7.3 ka 噴火でも，プリニー式噴火に先行して脱ガスした溶岩（長浜溶岩）の噴出があった（小林ほか，2006）．溶岩表面の新鮮なブロック間を軽石が充填しているが，加熱された証拠はない．この溶岩と同時に噴出した同質の火山灰が

あり，そのテフラ層序から溶岩の噴出はプリニー式噴火の約100年前と推定された．

このように主要な噴火に先立って，脱ガスしたマグマが噴出した事例がいくつか報告されている．1991年のピナツボ火山の噴火では，主要な噴火に先立って溶岩ドームが出現した（Hoblitt *et al.*, 1996）．同じ年の雲仙・普賢岳の噴火でも，最初に噴出した溶岩は脱ガスした筍状の溶岩であった．先駆的に噴出した溶岩はその後の爆発で破壊され，証拠を見いだすのは困難である．しかし，降下軽石中の岩片に着目すると，新鮮なガラス光沢をもった岩片や時には黒曜岩の破片を見いだすことがある．溶岩が新鮮なまま，山頂火口に長期間存在することは難しいため，これらは先駆的に噴出した溶岩，あるいは火道を上昇するマグマの先端部の破片と推定される．

図 B-7-6 先に噴出した溶岩により加熱され溶結した降下軽石
左：米国オレゴン州，クレーターレイク，右：ニュージーランド北島，ハロハロ火山地域．

B-8 火山地形の分類

　火山地形は，火口がパイプ状の中心火口（central crater）か割れ目火口（eruption fissure）かによって非常に異なった形態となる．また火山の寿命によっても，小型か大型かの違いを生ずる（表B-8-1，図B-8-1）．火山の寿命は1回だけの噴火で終わる活動

表 B-8-1　陸上火山地形の分類（中村，1979を一部修正）

	単成火山（1輪廻火山）		複成火山（多輪廻火山）
中心火山	爆裂火口 マール 火(山)砕(屑)丘 　火山灰丘 　軽石丘 　スコリア丘 溶岩流 溶岩円頂丘 火山岩尖(尖塔) アイスランド型盾状火山	explosion crater maar (scoria cone in maar) pyroclastic cone 　ash cone (tuff cone) 　pumice cone 　scoria cone (cinder cone)[2] lava flow, coulée lava dome (lava dome in ash, pumice cone) volcanic spine shield volcano of Icelandic type	成層火山 stratovolcano (composite volcano of Macdonald, 1972) 火砕流台地[1] pyroclastic flow plateau ハワイ型盾状火山 shield volcano of hawaiian type
割れ目火山など	地割れ火口 スパターランパート 火口列 双子山	eruption fissure spatter rampart crater row twin domes	溶岩台地[1] lava plateau 単成火山群 cluster of monogenetic volcanoes

1) 単成のものもある．
2) 複成火山の山頂に生じた場合，複成のことがある．この場合はピットクレーターをもつのが通例である（たとえばエトナ火山の北東クレーターや伊豆大島三原山）．

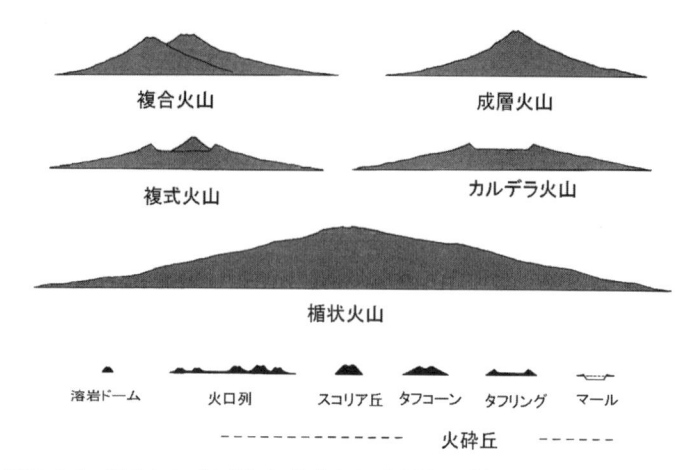

複合火山　成層火山　複式火山　カルデラ火山　楯状火山

溶岩ドーム　火口列　スコリア丘　タフコーン　タフリング　マール

　　　　　　　　　　　　　　　　　　　　　火砕丘

図 B-8-1　複成火山（上部）と単成火山（下部）の断面図（Simkin *et al.*, 1981に加筆）

（1輪廻の噴火）から，休止期を挟んで噴火が何回も発生する多輪廻の噴火まで変化に富む．1輪廻の噴火とは1活動期に相当し，1回のみの爆発から十数年にわたる長期の活動までを含む．1輪廻の噴火によって形成される火山を単成火山（monogenetic volcano），多輪廻の火山を複成火山（polygenetic volcano）と呼ぶ．単成火山は一般に小型であり，複成火山は大きな火山地形を形成する．

B-8-1　単成火山

　ここでは火砕丘を中心に記載する．火砕丘の代表例を図 B-8-2 に示す．ごく小規模な火口は別として，火山体として認定される最も小型の火山は，爆発によって生じたマール（maar）である．火口湖となっているものが多いが，ほぼ円形の輪郭をもち，火口内壁には基盤岩が露出している．噴出量が少ないと火口周辺にリング状のなだらかな丘を形成するだけであるが，多量のマグマ物質（軽石・スコリア）を噴出すると，厚い降下テフラからなる緩やかな地

形が出現する．霧島火山の御池がその例である．

　玄武岩質のマグマ噴火で生じる火砕丘には，スパター丘（spatter cone）とスコリア丘（scoria cone）がある．スパターは着地時に液体状態であるため，火口の周囲に落ちてすぐに接着し，小型で急なスパター丘をつくる．割れ目火口に沿ってスパターが噴出すると，スパター丘が連なり，壁状になったスパターランパート（spatter rampart）が出現する．

　スコリア丘はストロンボリ式噴火の時に形成される．スコリアの大部分は火口の近傍に堆積するため，成長したスコリア丘では，火口縁の外側に落下したスコリアは斜面を転動して定置する．そのためスコリア丘の斜面はテイラス（崖錐）斜面であり，裾野をひかない．スコリア丘の内部は発泡のよいスコリアが礫支持の状態で存在するため空隙率が非常に高く，逆に全体の密度は非常に小さい（0.35～0.8 g/cm³：Yokoyama, 1957）．また透水性に富み，表面流水が発生しにくいため，侵食されず元の地形が保持されやすい．

　スコリア丘が斜面上に出現すると，火道中のマグマは斜面方向に移動しやすくなり，噴火の途中にスコリア丘の一部を破壊し流出することがある．その場合，溶岩が流出した側の斜面の一部が欠如したスコリア丘（breached cone）が出現する（図 B-8-3 左）．流出した溶岩流の上には，破壊されたスコリア丘が大小の岩塊となって点在する．また平坦な場所でも，スコリア丘が高さを増すと，高密

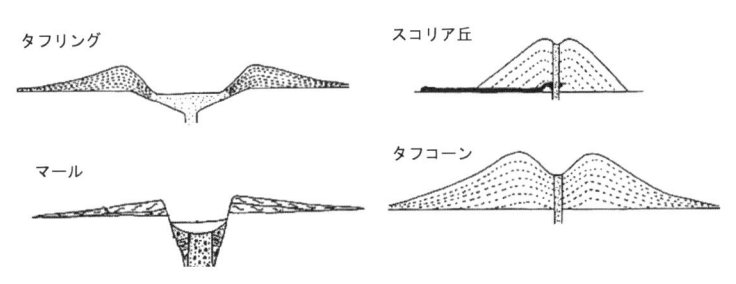

図 B-8-2　4 種類の火砕丘（守屋，1983 および Cas and Wright, 1987 を編集）．

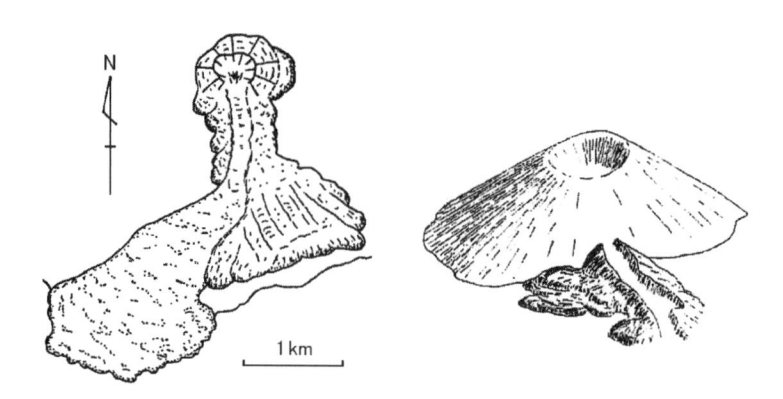

図 B-8-3 下流側の斜面が欠如したスコリア丘（左：利尻山麓, 小林, 1987）と基底部から溶岩を流出したスコリア丘（右：米国オレゴン州, Lava Butte, 守屋, 1986）

度のマグマは低密度のスコリア丘の内部を横方向に移動し，その基底付近から溶岩として流出することがある（図 B-8-3 右）．

もし地下水など外来水に富んだ環境であれば，水蒸気マグマ噴火となり火山灰に富む火砕丘が出現する．爆発力が強く，強力なベースサージが発生するときは，大きな火口のわりに偏平なタフリング（tuff ring）を，また爆発力が弱い場合には火口を取り巻く急峻なタフコーン（tuff cone）を形成する．ハワイ・オアフ島には，タフリングの好例であるダイアモンドヘッド（図 B-8-4），タフコーンの好例であるココクレータ丘などが存在する．桜島火山の鍋山は安山岩質のテフラからなるが，タフリングの形態をしており，その前面には溶岩が流出している．後述するカルデラ火山は一般的には複成火山であるが，小型のカルデラでは単成火山に分類されるものもある．なお溶岩の地形については，B-12 を参照してほしい．

B-8-2 複成火山

複成火山には成層火山，ハワイ式楯状火山，火砕流台地，溶岩台

図 B-8-4 スコリア丘（左：阿蘇・米塚）とタフリング（右：ダイアモンドヘッド）

地などがある．また，単成火山が密集して存在する単成火山群も複成火山に分類される．

　火道の位置が変化しないで多輪廻の噴火を行うと，成層火山（stratovolcano）が出現する．成層火山は富士山に代表されるように，急な山体と緩やかな裾野をもっている．このような特徴的な地形は，噴火による山体の成長と休止期間における侵食の繰り返しにより，火山麓扇状地が形成されるためである（図 B-8-5）．火山体の中心部は，主に溶岩と火砕岩の集積物であり強固な山体を形成している．火砕岩の部分が強固になるのは，火山ガスの昇華物が充填するため，あるいは火砕岩の一部がアグルチネート（B-10-4 参照）となっているためと推定される．

　火山麓扇状地は主にラハール（B-14 参照）の集積により形成されるが，活動期には火砕流や溶岩流が堆積することもある．

　開析された成層火山では，中心火道から派生した放射状岩脈（radial dike）が認められることがあり，風車の羽根状構造をしているものと推定される（図 B-8-6：中村，1975；Nakamura，1977）．岩脈はマグマが移動した痕跡であり，1 つの岩脈が地表に達した地点に側火山（parasitic volcano）が存在する．それらはほとんどが単成火山である．富士山では北北西―南南東方向に多くの側火山が点在しており，火山体もその方向に延びた形態をしている．その方向は，この地域に働く地殻の圧縮応力の方向と一致しており，割れ目が発生しやすい条件が整っていたことを示している．

図 B-8-5　成層火山の鳥瞰図（守屋，1975）と模式的断面図（守屋，1970）

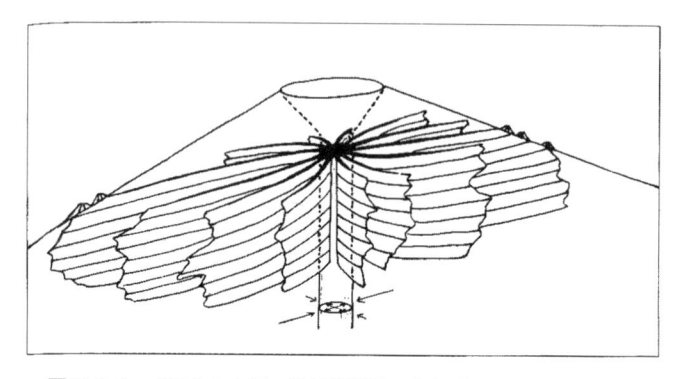

図 B-8-6　成層火山内部の放射状岩脈の分布（Nakamura，1977）

なお，この図では放射状岩脈は山体内部に限定されているが，広域的な応力場を反映しているのであれば，より深い基盤内部から発生しているとみなすべきであろう（小林，2008）．

一方，噴火のたびに火道位置が変化すれば，その都度，単成火山が出現する．個々の火山は小型であるが，その地域全体の火山活動の寿命や総噴出量は成層火山に匹敵するようになるため，単成火山群（cluster of monogenetic volcanoes）と呼び，複成火山に含めている．単成火山や複成火山が集まって1つの火山地形をなしている場合は，複合火山（compound volcano, composite volcano）と呼ぶ．また，多くの火山がある地域に集中する場合には，火山群（volcano group），あるいは火山地域（volcanic area, volcanic center, volcanic region）などと呼ばれる．

楯状火山（shield volcano）は主に玄武岩質溶岩の集積によって

形成された火山であり，ハワイ島のマウナロア火山が代表例である（図 B-8-7）．水深 6,000 m の海底から成長し，陸上での平均斜度は 7°ほどであるが，最高峰は 4,000 m に達する巨大な火山体である．プレート運動とは無関係に，マントルの深部から熱が供給されるホットスポットの代表例であり，この大きさに成長するのに，60万〜100万年かかったと推定されている（Lipman, 1995）．

　火砕流台地は巨大なカルデラの周辺に広く発達するが，それらは複数回の大規模火砕流噴火によって形成されているものが多い．またデカン高原のような大規模な溶岩台地も，1回だけの活動ではなく，数100万年にわたる活動の産物である．溶岩が広域に分布するのは，多くの割れ目火道から低粘性の玄武岩質溶岩が噴出し，洪水のように流下したためである．

B-8-3　複式火山（multiple volcano）

　この分類は火山地形に基づくもので，単成・複成火山の概念とは異なる．成層火山の山頂火口あるいはカルデラ内に，それよりも小

図 B-8-7　ハワイ島の最高峰，マウナロア火山を望む．手前の火口は，キラウエア火山の山頂にあるハレマウマウ火口

型の成層火山，火砕丘や溶岩ドームなどが存在する場合，二重式火山と呼ばれる．時には三重式〜より数の多い複式火山も存在する．複式火山の多くは複成火山であるが，単成火山でも複式のケースがありうる．たとえば，水蒸気マグマ噴火から次第にマグマ噴火に変化した場合には，マールやタフリングなどの内部にスコリア丘や溶岩ドームが形成され，単成の複式火山が出現する．五島列島の小値賀島(おぢかじま)周辺にはこのような火山が存在しており，山本・谷口 (1999)，山本 (2001) はハイブリッドコーン（hybrid cone）と呼んでいる．

B-8-4 カルデラ火山（caldera volcano, super volcano）

カルデラ火山は通常の火口径（〜1 km）に比べ，はるかに大きな火口（4 km〜）を有する火山地形である（図 B-8-8）．大型のカルデラ火山では，直径が 20 km 以上にもなる．超巨大火山を意味するスーパーボルケーノー（super volcano）とも呼ばれる．

池田カルデラのように直径が 4 km ほどの小型カルデラは単成火

図 B-8-8 北米オレゴン州のカルデラ「クレーターレイク」
カルデラの形成は 6700 年前．中央より手前・左側に中央火口丘が存在する．

山のこともあるが，大型のカルデラは大規模な火砕流噴火を繰り返した複成火山であり，カルデラの周囲には広大な火砕流台地が広がっている．日本の代表的なカルデラである阿蘇火山は，約30万年前から4回の大規模な火砕流噴火を行い，最新の噴火は約9万年前に発生した．

カルデラは火山体の山頂部にできることもあるが，地溝帯の中に連なるように存在することもある．このように火山と密接な成因関係を有する地溝帯を火山―構造性地溝（volcano-tectonic depression）と呼ぶ．南九州の鹿児島地溝には，北から加久藤・姶良・阿多カルデラが存在している（図 B-8-9）．海外ではニュージーラン

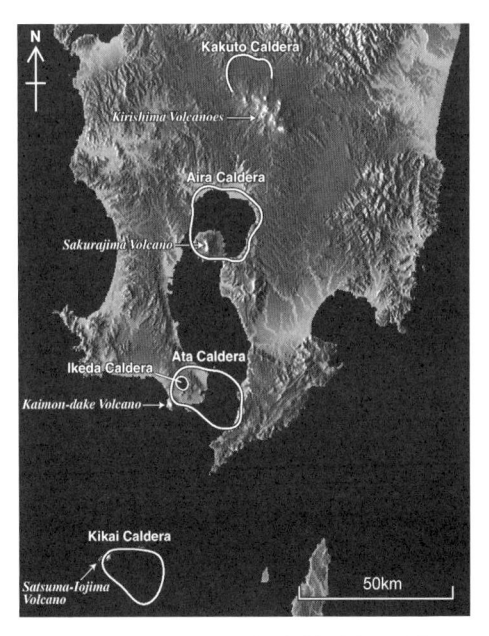

図 B-8-9 鹿児島地溝（火山―構造性地溝）内部に分布するカルデラ
北より加久藤カルデラ，姶良カルデラ，阿多カルデラ（Kobayashi *et al.*, 2003）．

ドのタウポ地溝が有名である．

　中・北部九州を横断する別府―島原地溝にも阿蘇カルデラなど，多くのカルデラの存在が指摘されている．カルデラの内部あるいは縁付近には，カルデラ形成後に出現した火山が存在する．たとえば霧島火山（加久藤カルデラ），桜島火山（姶良カルデラ），開聞岳（阿多カルデラ），阿蘇中央火口丘群（阿蘇カルデラ）などである．

　カルデラ内部に出現した後カルデラ火山は，その後の噴火サイクルの火砕流噴火で大半が消滅し，また新たな火山が誕生する．カルデラ火山では，このようなサイクルが数万〜十数万年の間隔で発生している．

　カルデラの断面が詳細に調べられた例としては，北海道の濁川カルデラがある（図 B-8-10 上）．地表付近は侵食により拡大し漏斗状を呈している．また大型カルデラにおいても，重力異常のデータを考慮すると，漏斗型をした地下構造をなすものと推定されている（図 B-8-10 下）．

　一方，米国ニューメキシコ州のバイアスカルデラ（Valles caldera）では，カルデラ中央部に隆起地形（再生ドーム：resurgent dome）が存在し，その山麓を取り巻くように溶岩ドームが出現している（図 B-8-11, 12）．このような特異な地形の形成は，次のように説明される．①まず噴火前には広域のドーム状隆起が起こり，②次いで環状の割れ目からマグマが噴出し，③噴火とともにその内部がピストン状に沈降する．④その後カルデラの中央部で火山活動が再開し，⑤次第に中央部が隆起し再生ドームが成長する．⑥さらに環状の割れ目に沿って次々と溶岩ドームが出現する．このような活動の推移を経て，特異なカルデラ内の火山地形が形成されたと推定されている．このような形態のカルデラは世界各地で発見されており，バイアス型カルデラと呼ばれる．

　日本においても侵食が進み内部構造が現れた古いカルデラには，大崩山などバイアス型の構造を示すカルデラが発見されている（高橋，1983）．今のところ活動的なカルデラにおいて，典型的なバイ

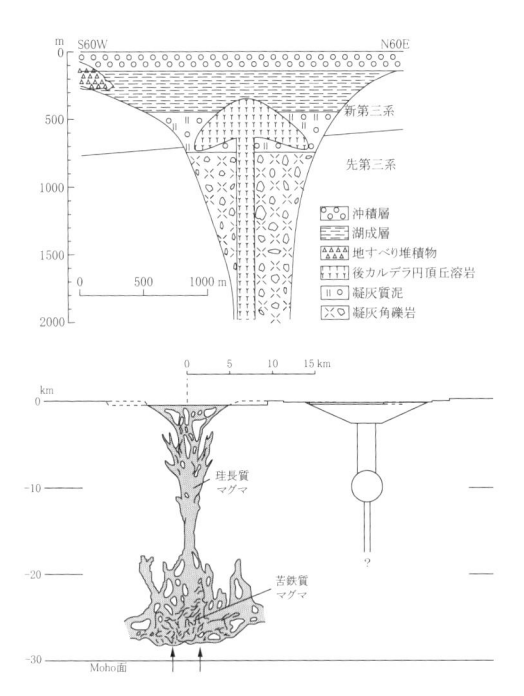

図 B-8-10 濁川カルデラの断面図（上：安藤，1983）と姶良カルデラの推定断面図（下：荒牧，1969）一部修正

アス型と特定されたものはない．しかし 7300 年前に大噴火したばかりの鬼界カルデラでは，その中央部に大きく膨らんだ隆起地形が存在する（小林ほか，2006）．また，小笠原硫黄島は海底カルデラの中央部が隆起したために，多数の海岸段丘が発達した特異な地形（貝塚ほか，1985）となっている．この 2 つの海底カルデラは，日本における活動的なバイアス型カルデラなのかもしれない．

120 B 実践編

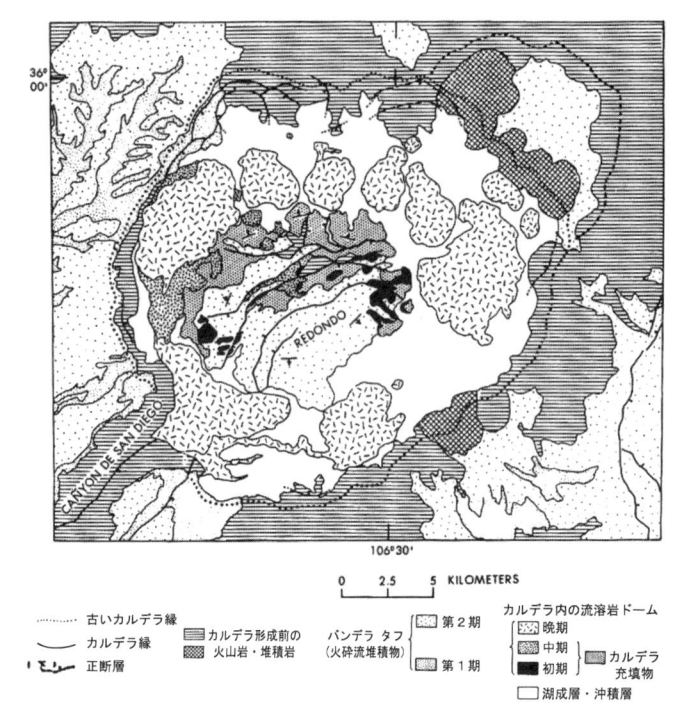

図 B-8-11 バイアスカルデラの地質図（Smith and Baily，1968 に凡例文を加筆）

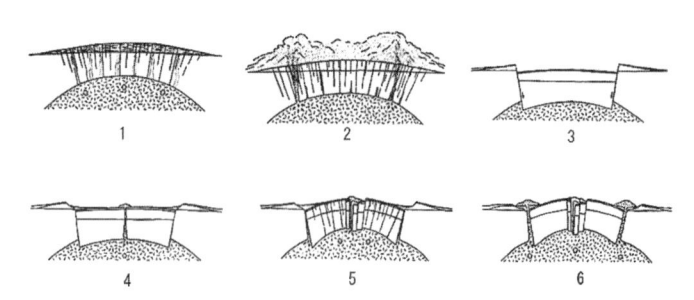

凡例:
- ……… 古いカルデラ縁
- ──── カルデラ縁
- 正断層
- カルデラ形成前の火山岩・堆積岩
- バンデラタフ（火砕流堆積物）: 第2期／第1期
- カルデラ内の流溶岩ドーム: 晩期／中期／初期
- カルデラ充填物
- 湖成層・沖積層

図 B-8-12 バイアスカルデラの形成順序（Smith and Baily，1968 を一部修正）

B-9　降下テフラの分類

　降下テフラは，噴煙として上昇したテフラのうち，上空の風で運搬され風下側に堆積したものである．運搬過程で粒子のふるい分けが行われるため，一般に火口から離れるにつれ粒径は小さくなり，また層厚も薄くなる．火砕流堆積物とは異なり，当時の地形を一様な厚さで覆う（図 A-5-4）．噴火様式により降下テフラの粒子の特性や堆積構造が異なるため，プリニー式噴火，ブルカノ式噴火，水蒸気マグマ噴火および水蒸気噴火のテフラに分けて記述する．

B-9-1　プリニー式（準プリニー式）噴火のテフラ

　大規模な降下軽石堆積物の実例を紹介する．噴煙柱はしばしば 10 km 以上の上空に達し，一般には偏西風に運ばれ火口の東方に降下する．軽石の噴出量は数 km^3 以上にも達し，地層として保存されることが多い．噴出物の主体は発泡した軽石・スコリアであるが，一定量の岩片（類質・異質）も存在する．火口近傍では火砕丘を形成することもあるが，火口から数 km 以上離れると，徐々に厚さを減じていく．また，軽石・岩片の平均最大粒径も，火口からの距離にしたがって規則的に減少する．軽石はマグマの爆発的破砕の産物であるため，火口近傍でも極端に大きくはならないが，岩片は非常に大きなものも存在する．それゆえ火口近傍では岩片の粒径が急激に増大する．また，爆発が非常に激しいと堆積物の厚さは火口縁で最大になるとは限らない．さらに細粒火山灰が，気象条件の変化により火山豆石や凝集火山灰として降下すると，100 km 以上も離れた場所でも厚みを増すことがある．

　粗粒な堆積物では，軽石・スコリアの角が直接接触した状態で支えあっている（粒子支持：grain-supported, 図 B-9-1）．軽石間に

図 B-9-1　降下軽石堆積物（桜島 1779 年安永噴火）

はより細粒な粒子が充填するが，シルトサイズ以下の細粒火山灰はほとんど存在しない（図 B-9-2）．それゆえ一般にルーズで崩れやすい．

　粒径が 2 mm 以上のテフラが主体の堆積物では，構成粒子は軽石（スコリア）と岩片が主体である．しかしそれ以下（〜0.5 mm）では，軽石中の斑晶が分離した結晶粒子や小岩片の割合が増す．分離結晶が目立つ堆積物は，結晶質火山灰（crystal ash）と呼ばれる．さらに細粒になると，再び軽石の細粉（火山ガラス）が主体となる．大規模な火砕流起源の広域テフラは，ほとんどが発泡した火山ガラス片（bubble-wall glass shard）で構成されている．

　降下テフラ層の断面を観察すると，岩相，色調だけでなく粒径の変化等によるユニットが識別され，かつ露頭間での対比が可能なことがある．藤野・小林（1997）は，そのような単位をテフラメンバー（tephra member）として記述した（図 B-9-3）．

　テフラメンバーは互いに分布が異なることもあり，数時間〜数日（数カ月）程度の間隔をもって発生した別の噴煙柱に由来するもの

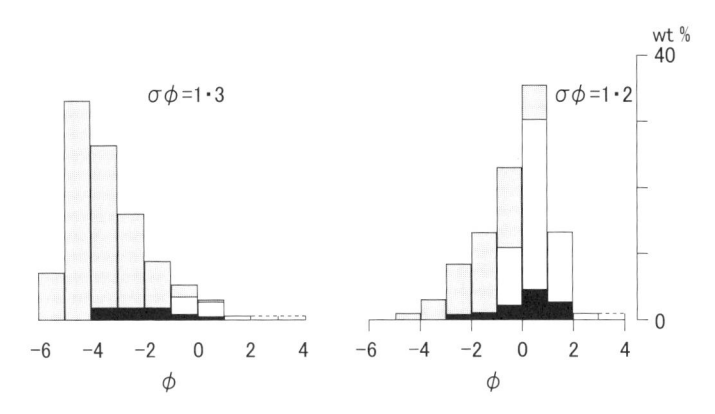

図 **B-9-2**　火口近傍（左）と遠方（右）での降下軽石堆積物の粒度組成の比較（Walker, 1971を一部修正）

砂目：軽石，白：結晶，黒：岩片．粒径（D mm）をϕスケールで表示すると，$\phi = -\log_2 D$である．そのため1 mm（$\phi=0$）を境に，粗粒側はマイナス，細粒側はプラスとなる．

と思われる．それゆえテフラメンバーは噴火単位（eruption unit：新井田ほか，1982）に相当するものと考えられる．テフラメンバーの中にも級化構造など，さらに細かなユニットが認められることがある．露頭において識別可能な最小単位は降下単位（fall unit：Nakamura, 1964）と呼ばれるが，露頭間での対比は困難である．このような堆積構造は，噴煙柱の盛衰や風向の変化によるものと考えられる．

B-9-2　ブルカノ式噴火のテフラ

ブルカノ式噴火では，火山灰サイズのテフラが多量に放出される．単発の爆発で終わることもあるが，桜島・南岳の山頂活動のように，50年以上にわたり噴火を継続することもある．単発的なブルカノ式噴火は小規模なため，識別可能なテフラ層として残ることは難しい．しかし噴出量が多い場合や，小規模噴火であっても長期

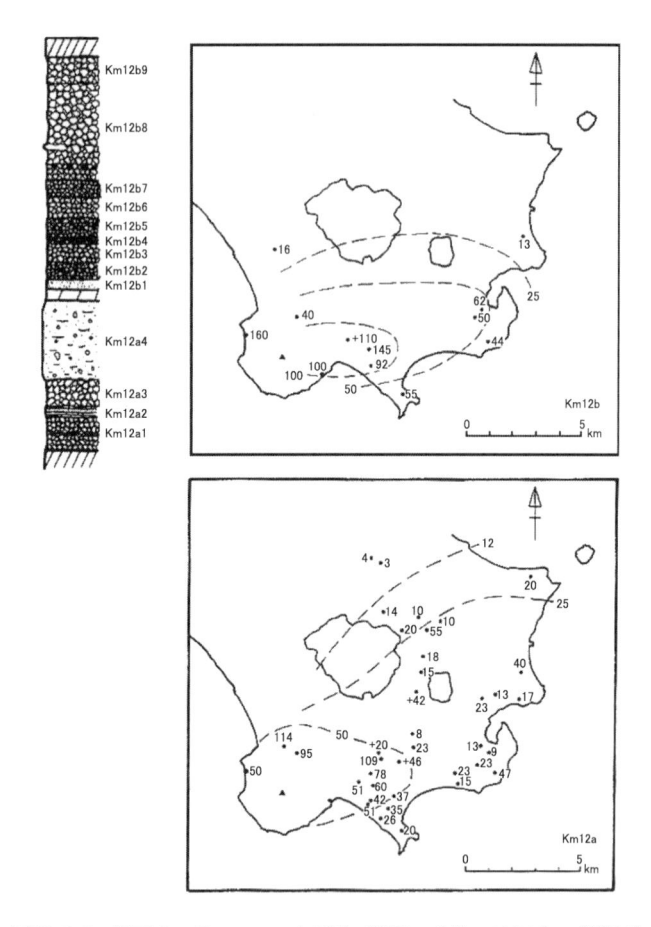

図 B-9-3 降下テフラのユニット区分（藤野・小林，1997 を一部修正）
Km 12 a, Km 12 b は開聞岳の西暦 874 年と 885 年の噴出物．両者の時間差は約 10 年であり，テフラ亜層として区別した．a 1-4, b 1-9 はテフラメンバーに相当する．

にわたり断続的に噴火が継続した場合には，集積した火山灰が全体として1つの地層を形成するようになる．

細粒な火山灰は終端速度が小さいため，地表風によってかなりの距離を運搬される．いったん定置しても，強風が吹けば再び舞い上がり，最終的に安定な場所に堆積する．火山灰が集積しやすい環境としては，湿地あるいは下草などが繁茂した草地が考えられる．また，窪地には火山灰が吹き溜まるため，厚さも一様ではなく膨縮を繰り返す．

　火山灰の定置後に雨が降れば，シルト以下の細粒部分は懸濁した表面水となって流れ去る．そのため，残留物は砂サイズが主体となり，「火山砂」という用語が最も的をえた表現となる．この過程が繰り返されると，斜交葉理を示し，時にシルトの薄層を挟む火山砂層が出現する（図 B-9-4）．シルト分の多い層準では，葉片や茎の印象化石を含むことがある．火山砂層は，細粒なサージ堆積物と非常によく似た堆積構造を示すこともある．

　降灰がなくとも，風に舞い上げられた粒子は湿地や下草などに定置する．長い年月を経ると，風成物質がテフラの表面に集積し，次

図 B-9-4　ブルカノ式噴火によって集積した火山砂層
霧島山・高千穂峰火山．葉片の印象化石を産出することがある．

第に腐植質の土壌となっていく．このような土壌は植物あるいは動物による撹乱を受けながら形成されていくのが普通である．そのため集積の割合が小さな火山灰層ほど撹乱を受けやすく，堆積構造のはっきりしない腐植質の火山灰土壌となる．

ブルカノ式噴火の噴煙柱高度は数km程度であり，テフラの分布は火口上空1,000～2,000mの季節風の影響を受けやすい（加茂ほか，1977）．日本のような中緯度帯においては，高度約1,500mの風下頻度は季節によって大きく異なるため，1回ごとの噴出物の分布や風向の安定した時期の降灰分布は，ある特定の風下方向に限定される．しかし，噴火が頻繁に発生した場合の火山灰の累積分布は，年間の風下頻度と概略一致する．それゆえ，等層厚線図は火口を中心にほぼ同心円状を示すが，一般には南東方向に大きくはりだした形態となる（図B-9-5）．

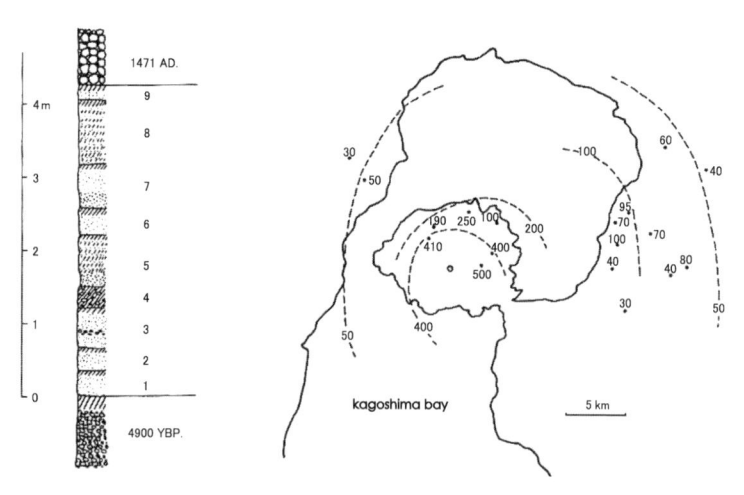

図 **B-9-5** 長期にわたり集積した火山砂層の柱状図とその層厚分布図（小林，1986b）
桜島火山の南岳が成長する過程（4000～1000年前）で噴出・集積したテフラである．

B-9-3　水蒸気マグマ噴火のテフラ

　水蒸気マグマ噴火では，マグマの水冷破砕によって多量の細粒火山灰が生成され，それらが凝結したり，泥状あるいは火山豆石となって堆積する．それゆえ，細粒火山灰が主体で火山豆石に富むテフラ（図 B-9-6）は，一般的には水蒸気マグマ噴火の産物と判断してもかまわない．しかし通常のマグマ噴火であっても，大気が非常に湿気を帯びていれば，細粒火山灰が凝結火山灰となり，また雨が降る環境下では泥滴となって火口近傍に堆積する（藤野・小林，1992）．雲仙岳，1991年6月8日の熱雲火山灰は，豆石〜泥滴として降下したが，テフラ層には気泡が形成されていた（新川ほか，1993）．これら気泡は，定置時に粒子間に存在した空気がテフラ層の圧縮過程で連結し，泥状の火山灰中で気泡となったものである．それゆえ気泡火山灰が存在しても，必ずしも水蒸気マグマ噴火の産物とは即断できない．なお，火山豆石は噴火時の天候や火口付近の環境とは無関係に生成されることもある（Tomita *et al.*, 1985；大野ほか，1995）．そのため，細粒なテフラ層の成因については，堆積構造の変化にも注意して総合的に判断しなくてはならない．

　細粒火山灰に富むテフラ層では，湿った火山灰が乾燥する時に石膏などが析出することがあり，比較的最近のテフラであっても強く固結していることもある．また細粒火山灰層は，距離による粒度変化に乏しい傾向がある．火口近傍に堆積した大きな凝結火山灰や火山豆石も，本来は細粒火山灰である．

　マグマが発泡する前に急冷した場合には，厚い急冷相をもった本質物質が多量に生産される．玄武岩〜安山岩質のテフラでは，カリフラワー状の外形をなすこともある．大きなサイズの岩塊では，急冷による破断面が発達しているものがあり，落下時に破断部が拡大する．このようなテフラは，採取時に破断面に囲まれた多角形の岩片（火山礫サイズ）に分離してしまい，堆積物本来の粒度構成を調べるのは難しい．

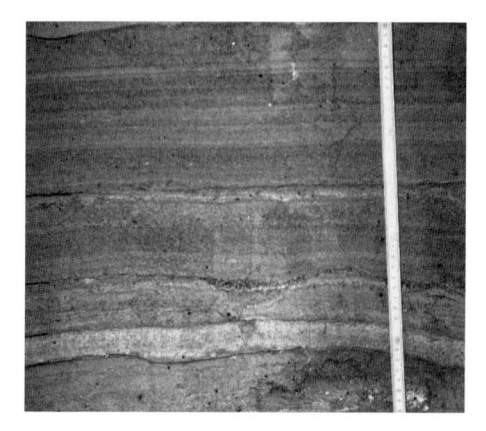

図 B-9-6 火山豆石に富んだ細粒テフラ層
ニュージーランド，タウポ湖周辺のロトナイオ火山灰．

B-9-4 水蒸気噴火のテフラ

　類質・異質岩片が主体であり，それらは時に熱水変質を受け粘土化していることも多い．火口近傍には火山礫以上の岩片もあるが，やや離れると細粒物質（シルト〜粘土）が主体のテフラとなる．粘土鉱物の種類や風化の程度により，赤・茶・黄・白などさまざまな色調を示す．一般にテフラは噴出量が少ないと，堆積後の侵食や表土の撹乱のため，地層としての識別が困難になる．しかし，粘土質火山灰は粘着質のため，噴出量が少なくとも保存状態がよい場合が多い．噴出量としては 10^4〜$10^8 m^3$ と 4 桁のバリエーションがあるが，$10^6 m^3$ 規模のものが最も多い（奥野，1995）．また $10^5 m^3$ 以下では，地層として保存されにくい．

B-10 火砕流堆積物

B-10-1 火砕流堆積物の分類

　火砕流（pyroclastic flow）とは，マグマの破片が高温のガスと一体となり山体斜面を高速で流下する現象である．火砕流が最初に認識されたのは，1902年小アンチル諸島マルティニク島のモンプレー火山（プレー火山）で起きた噴火であった．高温の火山灰が斜面を流下するように見えたため**熱雲**（nuée ardénte：Lacroix, 1904）と呼ばれた．しかし熱雲と見える部分は火砕流の本体から分離した火山灰からなる希薄な流れであり，火砕流の本体は，地形に沿って流れ下る濃密な本質物質の流れである（図 B-10-1）．

　火砕流から舞い上がった噴煙部分の名称は熱雲という表現が最も適切と思われ，熱雲の内部で火砕流の流れとともに移動する部分を熱雲サージ（ash cloud surge）と仮称する．同様に熱雲に由来す

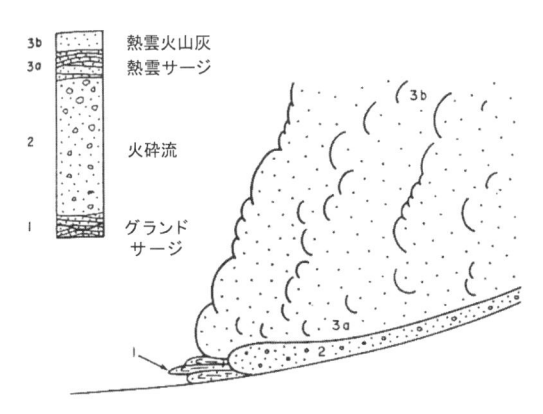

図 B-10-1 流走中の火砕流の内部構造（Cas and Wright, 1987 を一部修正）

る降下火山灰を熱雲火山灰（co-ignimbrite ash）と呼ぶ．最近では，これら火砕物質の流れ全体を一体の流動現象としてとらえ，火砕密度流（pyroclastic density current）と総称することもある（Druitt, 1998；Branney and Kokelaar, 2002 など）．火山で発生する火砕流などの重力流の詳細については，鹿野（2005）を参照してほしい．

火砕流の発生様式には，溶岩ドームや溶岩流の重力的な崩壊や溶岩ドームの爆発的な破砕とともに，噴煙柱の崩壊により発生するものまで変化に富む（図 B-10-2）．

このような発生様式の違いにより，火砕流の構成物も異なってくる．たとえば，溶岩ドームや溶岩流が崩壊して発生する場合には，比較的発泡の悪い（緻密な）火山岩塊と火山灰が主体の火砕流となる．英語では block-and-ash flow と呼ばれるため，日本語では火山岩灰流と仮称する．インドネシアのメラピ火山では崩壊型の火砕流がしばしば発生するため，メラピ式（merapi type）噴火と呼ばれる．1902 年のモンプレー火山の噴火では，溶岩ドーム基底からの爆発により火砕流が発生したと推定され，プレー式（peléean type）噴火と呼ばれる．しかし，実際は崩壊時に爆発的な噴火がと

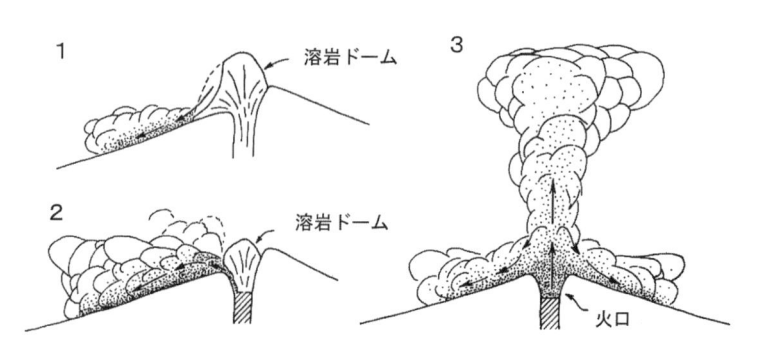

図 B-10-2　火砕流の発生様式（Macdonald, 1972 を修正）
1：メラピ式，2：プレー式，3：スフリエール式．

もなっているだけである．メラピ式の噴火でも，崩壊の瞬間には溶岩内部から火山ガスの突出が認められるため，プレー式とメラピ式噴火に本質的な違いはないものと考えられる．両者とも崩壊や爆発はある特定方向に発生するため，火砕流の分布方向も限られたものとなる．

一方，溶岩ドーム全体が噴き飛ぶ場合には，ブルカノ式の噴煙全体が崩壊するような噴泉崩壊（fountain collapse）となり，緻密な岩塊や軽石の比率により火山岩灰流あるいは軽石流が発生する．さらに大規模な噴煙柱崩壊（column collapse）の場合，発泡度のよい軽石やスコリアが主体の軽石流（pumice flow）あるいはスコリア流（scoria flow）が発生する．軽石よりも基質部（火山灰）が顕著な場合には，火山灰流（ash flow）と呼ばれる．噴煙柱崩壊型の噴火で発生する火砕流は全方位に流下しやすく，スフリエール型（soufrière type）と呼ばれる．

火山岩灰流堆積物（block-and-ash flow deposit）は一般に溶結しないが，軽石質・スコリア質の火砕流堆積物はさまざまな程度に溶結することがあり，溶結した岩体は溶結凝灰岩（welded tuff）と呼ばれる．しかし最近では，溶結・非溶結を問わず，軽石質・スコリア質の火砕流堆積物をイグニンブライト（ignimbrite）と総称することが多い．イグニンブライト中の軽石やスコリアの大半は円磨されているが，火山岩灰流堆積物中の本質岩塊は流動中の衝突により破壊され角ばった形態のものも多い（図 B-10-3）．

B-10-2　火砕流堆積物の分布形態および堆積構造

カルデラの縁付近には，火砕流堆積物の層準に岩片・砂礫層が産出することがある．この地層の特徴は数 m 大の岩塊と砂礫（＋結晶片）が主体で，少量の軽石・スコリアをともなうが，細粒な火山灰は欠如している．このような岩片・砂礫層をラグブレッチャ（lag breccia）と呼ぶ（Druitt and Sparks, 1982；Walker, 1985）．密度の大きな岩片や結晶片が火砕流の流動層に乗りきれず

図 B-10-3 非溶結の入戸火砕流堆積物とニュージーランド，エグモント火山山腹の火山岩灰流堆積物
左は円磨した軽石に富み，右は角ばった緻密な本質岩塊も多い．

集積したもので，典型的なカルデラ縁の指標相である．層相はまったく異なるが，遠方に分布する火砕流堆積物に対比される（図 B-10-4）．

　大規模な火砕流堆積物は地形障害を越えて分布するため，以前は地形障害よりもはるかに厚い流動層をもっており，運動エネルギーが低下するとしぼむように低地に堆積すると考えられた．しかし現在では，現堆積物の2倍を超えない厚さの流動層が，高速のジェットコースターのように山を這い上がったり，駆け下りたりしながら運動エネルギーがつきるまで突き進むと考えられている．規模の大きな火砕流は広大な火砕流台地を形成するが，そのような火砕流とは別に，厚さのわりに広域に分布する火砕流が存在する．極端な例では，厚さが1m程度で80 km以上も遠方まで達している例も知られている．ニュージーランドのタウポ火砕流がその代表例である

図 B-10-4 カルデラの縁に産出するラグブレッチャ
左：米国, クレーターレイクカルデラ, 右：阿蘇カルデラ.

が，鬼界カルデラ起源の幸屋火砕流（宇井，1973）や十和田カルデラ起源の大不動火砕流と八戸火砕流（土井，2000）も，その例に挙げることができる．

比較的新しい歴史時代に発生した小規模な火砕流では，堆積物の表面に溶岩流のようなローブが存在し，流れの方向を示す筋状の構造が残されている（北海道駒ケ岳，浅間山，雲仙・普賢岳など）．

図 B-10-5 は軽石質の火砕流堆積物の模式断面図であり，基本的には Sparks *et al.* (1973) の図と同じである．火砕流の流動機構と対応するように，3つの基本単位で構成されている．

第1層は1aと1bに区別される．1aのうち細粒でラミナの発達した部分は，流動する火砕流の先端部で火山灰がサージ状に前方に放出されたもので，グランドサージ堆積物と呼ばれる．非常に高速の火砕流であればさらに爆発的な放出が起き，円磨した軽石や炭

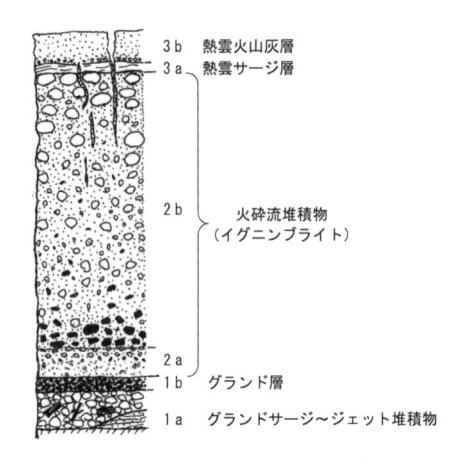

図 B-10-5 イグニンブライトの模式断面図
白印：軽石片，黒印：岩片，縦長の構造：ガス吹き抜けパイプ～2次噴気孔

化木片等の大きな物質が主体で細粒火山灰が欠如したジェット（jet）と呼ばれる特異な堆積物となる（Wilson and Walker, 1982）．露頭では1aは膨縮を繰り返し，まったく観察されない場合も多い．一方，1bは緻密な岩片や結晶粒子からなる砂礫層で，グランド層（ground layer：Walker *et al.*, 1981）と呼ばれる．火砕流の先端部分が多量の空気を取り込み急激に膨張したために流動化状態が瞬時に消滅して緻密な岩片等が沈積し，後続の第2層に覆われたものである．それゆえジェット堆積物とともに第1層を構成するが，グランド層はジェット堆積物の上位に位置する．ともに細粒な火山灰に欠如しており（礫支持），2bの基底付近の岩片濃集層とは産状が異なる．グランド層もジェット堆積物と同じく，特に流速の速い火砕流で形成されやすい．

　第2層は火砕流堆積物の本体であり，薄い2aと厚い2bに区分される．2aは流れの基底付近の剪断応力が働いた部分であり，比較的細粒で逆級化構造を示す．2bは剪断応力が働かず，ほぼ一体

となって流下した火砕流の本体部分である．流体全体の密度にしたがって重い岩片は下に沈み，軽石などは逆に浮かび上がる逆級化の傾向を示す．この岩片は火砕流（2b）の基底付近に濃集したものであり，基質支持の状態である．第2層（特に2b）は比較的均質であり，単一のフローユニット内では顕著な成層構造は見られない．しかし堆積物の下部や上部では，偏平な軽石や岩片などがインブリケーションを示すことがある（鎌田・三村，1981）．また，谷や尾根沿いの斜面では，堆積物全体が斜交層理の発達した層相に変化することもある（福島・小林，2000）．

　第3層は熱雲に由来する火山灰が主体の層準である．熱雲サージ（3a）は砂サイズの火山灰に富み，わずかな斜交層理を示す．一方，熱雲火山灰（3b）は細粒火山灰からなり，広域に分布し鍵テフラとなるものもある．日本の代表的な広域火山灰であるK-Ah（鬼界カルデラ），AT（姶良カルデラ），Aso-4（阿蘇カルデラ）などは大規模火砕流噴火で発生した熱雲火山灰であり，発泡した泡の破片状の細粒な火山ガラス（glass shards）からなる．熱雲に由来する噴煙からは火山豆石や結晶・小岩片など密度の大きな物質から先に降下するため，熱雲火山灰層は全体として正級化構造を示す．

　火砕流堆積物の上部では，内部から上昇するガスが次第に特定の流路を形成し，激しい勢いで噴出するようになる．細粒な火山灰はガス流によって大気中に放出されるが，ガス流にのれない小岩片や結晶片，あるいは火山豆石などは通路部分に取り残され，そこを充填するようになる．その部分は基質中に粗粒物質が上下に連なってパイプ～脈状に見えるため，ガス吹き抜けパイプ（gas segregation pipe, elutriation pipe）と呼ばれる（図B-10-6）．

　一般に垂直なパイプ状に見えるが，不規則な網目状の形態のものも存在する．パイプ充填物質には細粒火山灰がないため，周囲のマトリクス部分に比べルーズで崩れやすい．火砕流堆積物が湿地など水分に富んだ地面を被覆した時には，その基底付近に小さなパイプが見いだされることがある．また，樹木などが取り込まれた場合に

図 B-10-6 姶良カルデラ起源の入戸火砕流堆積物中のガス吹き抜けパイプ
右は火山豆石が詰まったパイプ.

は，そこから発生した煙によって細粒火山灰が欠如した部分が不規則な煙のように分布する（煙の化石：三村・小林，1975）．

　火砕流堆積物が河川，湖沼，浅海域などを埋積した場合には，2次爆発が発生することもある．火口周辺にはベースサージの集積したマール状の小丘ができるが，大半はその後の侵食により欠如しているが，稀に火口の断面が観察される（図 B-10-7）．火口の周辺には，小豆大の火山豆石に富んだテフラ層が分布し，第2層（時には第3層）を覆っている．このテフラ層は熱雲火山灰のような正級化を示さず，火山豆石を含む薄層の集積物であり，色調は濃い黄色〜小豆色のことが多い．このようなテフラが限定的に分布していれば，その周辺に2次爆発の火口があったことが推定される．

図 B-10-7 池田火砕流堆積物中の 2 次爆発火口（指宿市伏目海岸）
漏斗状の構造が顕著．この台地上部には火山豆石に富むベースサージ堆積物が分布している．

B-10-3　溶結凝灰岩（welded tuff）

　火砕流堆積物は降下テフラとは異なり，外気と接する部分が少なく，全体として瞬時に堆積するため，堆積物の内部は高温状態が保たれる．マグマの温度に近い堆積物の中〜下部では，堆積物自身の荷重で軽石などは偏平化した緻密なガラス質レンズ（フィアメ，fiamme）となり，基質部分も全体としてガラス質の溶結凝灰岩となる．複数の火砕流からなる堆積物であっても，短期間に堆積し，同一の冷却史をもつ場合には，一冷却単位（cooling unit）として扱う．

　溶結現象は堆積物の温度と荷重の影響を強く受ける．堆積物の基底部と表層部分は急速に冷却されるため，溶結現象は生じにくい．強溶結（dense welding）は荷重の影響を受ける中央部〜下半部に生じ，表層および基底に向かって弱溶結（partial welding）から非溶結（non welding）へと変化する（図 B-10-8, 9）．強溶結部は溶岩と同程度の密度をもつこともある．堆積物が薄くとも，高温で定置すれば全体が溶結（焼結）するが，本質物質は偏平化しない．

　溶結凝灰岩には，溶結度以外の累帯構造も加味される．堆積物の上部（特に弱〜非溶結部）では，逸散する高温のガスから微結晶が晶出する．これを気相晶出作用（vapor phase crystallization）と

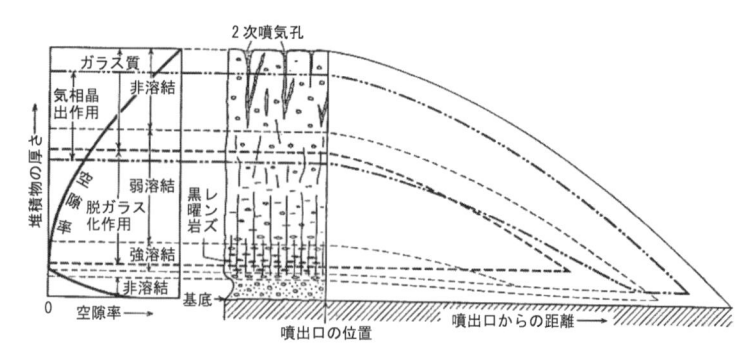

図 B-10-8 イグニンブライトにみられる累帯構造（荒牧，1979 を一部修正）

図 B-10-9 イグニンブライト基底部付近の溶結度の変化（左）と強溶結部にみられるガラスレンズ（fiamme）（右）

呼ぶ．その結果，堆積物は赤みを帯び全体的に固結度は高まるが，軽石は逆に脆くなる．一方，強溶結部（黒曜岩）では，高温状態が

続くとガラスの結晶化が起こり曇りガラスの状態となる．この作用を脱ガラス化作用（devitrification）という．黒いガラス光沢をもつ黒曜岩は，脱ガラス化作用を免れた急冷部（強溶結の下部）にのみ認められる．

このように1つの冷却単位（simple cooling unit）でも，溶結度だけでなく気相晶出作用や脱ガラス化作用も加わり，複雑な累帯構造（zoning）を示すことになる．もし，温度の異なる火砕流が次々と堆積し全体が一体となって冷却する時には，複雑な冷却プロセスを経るため，より変化に富んだ累帯構造（複合冷却単位：compound cooling unit）を示すことになる．

柱状節理は溶岩や貫入岩体だけでなく，溶結凝灰岩にもごく普通に認められる．節理は強溶結部だけでなく，ほとんど非溶結に近い部分にも発達する．火砕流堆積物内部の温度分布は溶岩ほど均質ではないため，個々の柱の太さが不ぞろいで，かつ節理面が弱くうねった曲面となっているのが特徴である．厚い岩体の中央部付近では，上下から発達した柱が交差するような複雑な構造（エンタブラチャー）が発達する（詳細は B-12-1 を参照）．

なお，非溶結の火砕流堆積物にみられる構造は，溶結凝灰岩になっても保存されている．たとえば，火山豆石やガス吹き抜けパイプは，溶結凝灰岩中でもやや変形した状態で産出することがある．また，樹木などが溶結凝灰岩樹型（welded tuff tree mold）として保存されることもある（Morgan and Kobayashi, 1986：図 B-10-10 左）．炭化した樹木は偏平化し，その断面はレンズ状の空隙となっている．樹木部分には樹皮の焼け剝げたパターンが印象化石として保存され，その周辺を煙の化石（結晶や小岩片からなり細粒火山灰が欠如）が取り巻いている．

最後に，火砕流堆積物の溶結現象とは異なるが，凝灰岩などが貫入したマグマの熱で溶結することがある．そのような部分を溶融凝灰岩（fused tuff：Ross and Smith, 1961）と呼ぶ（図 B-10-10 右）．岩脈などの表面を，溶結部が薄く被覆するように産出する．

B-10-4 アグルチネート（agglutinate）

アグルチネートとは，本来は火口近傍に着地したスパターなどの液状火砕物が互いに接着した岩体を意味している．そのため玄武岩質マグマのハワイ式噴火（溶岩噴泉）や，時にはストロンボリ式噴火をした火口近傍に形成される．しかし，類似の岩体は安山岩〜流紋岩質マグマの火山においても認められる．日本では，厳密な定義からは外れるが，火口近傍に堆積した降下テフラの溶結した岩体を，一般的にアグルチネートと称している（図 B-10-11）．

アグルチネートは火口の内壁〜山体上部の崖などで観察できる．アグルチネートの溶結現象は基本的には溶結凝灰岩と同じである．しかし通常の溶結凝灰岩に比べ，構成ユニット数がはるかに多く，

図 B-10-10　溶結凝灰岩樹型と溶融凝灰岩
左：鹿児島県，百引火砕流堆積物：樹形の長さは約 30 cm，右：ハンガリー北部，マートラ山地：ハンマーの先端付近を境に，左側が強溶結の溶融凝灰岩．強溶結部の幅は約 1 m．

かつ溶結度の側方への変化が急激である．たとえば，火口壁のある部分で単一の溶結層（冷却単位）がやや側方に移ると複数の溶結層へ，さらに多数の非溶結層へと急変する．火口から斜面方向へも，溶結度が急激に変化する．強溶結部は流理構造の発達した溶岩のような外観を示すが，上部と下部には必ず非溶結部をともなっている．また，柱状節理は溶岩に比べ間隔が不ぞろいで，かつ柱面も平板でなく歪んでいることが多い．弱～非溶結部は遠望すると降下単位のように見えるが，各ユニットは逆級化を示し，また，全体の淘汰度も降下テフラに比べ悪い．

　日本でアグルチネートと記載された岩体の大半は，プリニー式噴火にともなって出現している．アグルチネートはユニット数が多いため，一般に降下テフラと認定されるが，山腹～山麓では火砕流堆積物に漸移している．また，粒度構成や堆積構造も，火砕流堆積物と酷似している．それゆえアグルチネートは，プリニー式～準プリニー式噴火時に発生した火砕流の火口近傍相とみなすことができる．火砕流であれば，定置時に降下テフラよりも高温を維持しており，溶結現象が起こりやすいと考えられる．降下テフラでも，特定部分に集中的に降り積もると部分的に溶結することがあり，降下テフラと火砕流の火口近傍相との識別は困難な場合があるかもしれない．

B-10-5　溶結火砕岩の2次流動

　溶結凝灰岩もアグルチネートも定置後に2次流動を起こすことがある．特にアグルチネートは斜面上に形成されるため2次流動しやすいが，通常の溶岩流のように長い距離を流下した例は知られていない．また，谷を埋め立てた溶結凝灰岩の強溶結部が2次流動した例でも，わずかに谷底側に変位する程度である．しかし，強溶結のアグルチネートは溶岩のような外観を示すため，従来「溶岩流」とされてきたものが，実はアグルチネートの2次流動の産物ではないかとの考えも根強く存在している（高橋（2006）は，火砕成溶岩（clastogenic lava）と記述）．

図 B-10-11　霧島火山，御鉢の火口壁に露出するアグルチネート
上：火口全貌．左下：強溶結の 3 層は，すべて 1235 年の噴出物（筒井ほか，2007）．
成層構造が顕著で，横方向にユニットが分離するのがわかる．右下：最下部のアグル
チネートの溶結パターン．上部と下部に弱〜非溶結部が存在する．

高温で低粘性の玄武岩質マグマの噴火では、火口付近の斜面に集積したスパターが斜面を流下する「根なし溶岩（rootless lava flow）」が記載されている（Macdonald, 1972, p.188）。しかし島弧に多産する、より低温の安山岩〜流紋岩質マグマにおいて、はたしてそのような流動現象が生ずるものであろうか？　これまでに確認された桜島火山（小林，1986a）や口永良部島の古期古岳（下司・小林，2006）の事例では、強溶結のアグルチネートは斜面をわずかに流下し、舌状に膨らむ程度である（図 B-10-12）。

　前述したように、大半のアグルチネートはプリニー式〜準プリニー式噴火によって生じ、山麓には火砕流堆積物をともなっている。そのため、降下軽石（スコリア）および火砕流堆積物とセットで産出しなければ、アグルチネートではない可能性が高い。記載岩石学的には、強溶結のアグルチネートは脱ガラス化作用の影響が顕著であるが、緻密な溶岩では石基のガラスは新鮮なまま残っており、破

図 B-10-12　アグルチネートの 2 次流動
先端が舌状に膨らんでいる。口永良部島，古岳．

断面はガラス光沢を示すのが普通である．また，アグルチネートでは，カンラン石や斜方輝石などFeを含む有色鉱物の周囲が酸化し，反応縁のようになっていることも多いが，緻密な溶岩中にはそのような斑晶はほとんど存在しない．

　吾妻小富士は東側の火口縁が高まっており，そこに溶岩状の岩体が存在する．岩体には溶結状構造が認められるため，アグルチネートの典型とみなされた（青木・吉田，1984）．しかし溶岩中の溶結状構造は，火道の中で破砕した部分が溶結することでも生じうる．また，火口地形は不変ではなく，溶岩流出時は低かった火口縁が，その後の火口形態の変化により，現在は逆に高くなるということもありうる．アグルチネートの典型とみなされた吾妻小富士の岩体も，通常の溶岩であることが確認された（山元，2005）．

　このようにアグルチネートか溶岩かの判断は，テフラの産状とともに，鏡下観察も合わせて行うべきであろう．アグルチネートの2次流動による溶岩流が実在するかどうかは，溶岩流は流出的なのか，あるいは噴出的なのかという，火山地質や噴火現象の根幹にかかわる問題であり，慎重な判断が望まれる．

B-11　火砕サージとブラスト堆積物

　火砕流は火山ガス・火山灰と大きな火砕物が混在した濃密な流れであるが，火砕サージ（pyroclastic surge）は一般に火山灰などの細粒物質が主体の希薄な流れである．乱流ではあるが運動エネルギーは火砕流に比べて小さいため，サージの到達距離は短い．これとは別に，ブラスト（directed blast, lateral blast）と呼ばれる現象もある．やはり火砕流に比べ粒子の希薄な流れであるが，非常に高速で到達距離も長い．

B-11-1　火砕サージ堆積物

　火砕サージには火砕流にともなうグランドサージ（ground surge）と熱雲サージ（ash cloud surge），それに水蒸気マグマ噴火などで発生するベースサージ（base surge）が知られている．ここでは観察事例の多い熱雲サージとベースサージについて紹介する．

（1）　熱雲サージ堆積物（ash cloud surge deposit）

　流動中の火砕流から吹き出した細粒の火山灰は，火砕流の流れに引きずられるように移動する．木をなぎ倒し，焦がすほどの破壊力と高い温度を保っている．雲仙岳の1991年9月15日の噴火では，火砕流（火山岩灰流）とそれにともなう熱雲サージの挙動の違いが明瞭に観察された（図B-11-1）．火砕流（黒色）の周囲には熱雲サージの帯（灰色）があり，さらにその外側に木の葉などが焼け焦げた帯（淡い砂目）が取り巻いている．その外側では，横方向の運動エネルギーよりも熱による浮力がまさり，サージ部分が離陸し熱雲として上昇してしまったと考えられる．

　火砕流はまず北東方向のおしが谷に入り込み，ゆるく右にカーブ

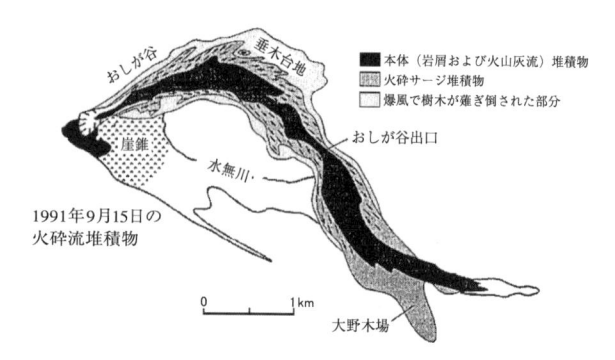

図 B-11-1　雲仙岳，1991年9月15日に発生した火砕流とサージの分布（Nakada and Fujii, 1993 を一部修正）

を描きながら主要河川である水無川に達し，そこで水無川に沿うように大きく左折した．合流地点での水無川は広い河川で深い谷地形ではないが，火砕流は地形のわずかな低まりにしたがって流動方向を変えたわけである．熱雲サージは火砕流を取り巻くような希薄な流れであるため，水無川のわずかな地形には影響されずに直進した．しかし，その後は空気の急激な取り込みにより膨張し，熱雲火山灰へと変化したものと推定される．

堆積物は層厚が数 cm，砂サイズ以下の火山灰が主体で，特別な内部構造は観察されていない．熱雲サージは高温状態で湿っていないため，堆積物は無層理か，またはわずかな斜交層理を示すものが多い．

（2）ベースサージ堆積物（base surge deposit）

噴火で最初にベースサージが認識されたのは，1965年に発生したフィリピンのタール火山の噴火であった（Moore *et al.*, 1966, Moore, 1967）．噴火はカルデラ湖内部に存在する火山島の湖岸付近で発生した（図 B-11-2）．タール火山は玄武岩質のマグマであり，本来は穏やかな噴火が期待されていたが，実際には非常に激しい爆発的な噴火を行い，半径4 km ほどの範囲が壊滅的な被害を受

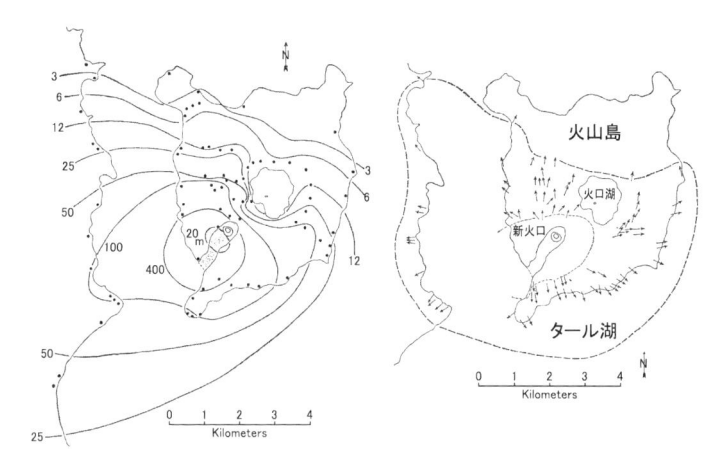

図 B-11-2 降灰分布図（左）とベースサージの分布範囲（右）(Moore et al., 1966 を一部修正)
左：層厚の単位は cm（火口周辺は m），右：矢印はベースサージ流動方向，太い破線はベースサージの到達範囲，細い破線は完全に破壊された地域．

けた．その原因はタール湖の水とマグマが反応して，横方向に広がる噴煙（ベースサージ）を生じたためである．噴出物は湿った泥状のものが多く，樹木の表面などに付着して被害を大きくした．サージは水蒸気に富んだ状態であり，樹皮を焦がすほど高温ではなかった．堆積物は多くの斜交した薄層からなり，火山豆石に富んでいた．その堆積物を上空から観察すると，同心円状の砂紋構造が認められた．

降下テフラは東風により西側に広く分布したが，ベースサージはほぼ全方向に広がった．到達距離は火口から約 4 km ほどであったが，北〜北東方向には地形的な障害があったため，約 2 km しか到達していない．

ベースサージ堆積物は，水蒸気マグマ噴火ないし水蒸気噴火をした火口の周辺でごく普通に見いだされる．水蒸気マグマ噴火で形成されるマールやタフリング，タフコーンなどは，多数のベースサー

ジの集積によって形成されたものである．その断面は岩片と火山灰からなる薄層が成層〜斜交構造をなしている．また，放出岩塊が地面に突き刺さったようなサッグ構造も顕著である（図 B-11-3, 4）．

通常は穏やかな噴火をするハワイのキラウエア火山でも，時に黒煙を噴き上げる爆発を行うこともある．特に 1790 年の噴火では，強力なベースサージが発生した（Decker and Christiansen, 1984；McPhie et al., 1990）．

テフラが乾燥状態か湿った状態かによって，堆積構造も変化する（図 B-11-5）．比較的高温で乾燥状態のサージであれば，通常の砂丘のような前進的なベッドフォームとなるが，水蒸気マグマ噴火で発生したベースサージの多くは，湿って粘着性に富む火山灰が主体となり後退的なベッドフォーム（いわゆるアンチデューン）を形成しやすい．爆発が穏やかになると，波打ったサージ堆積物の表面を火山豆石層が薄く被覆することがある（図 B-11-6）．

水蒸気マグマ噴火では多量の細粒火山灰が生成され，火山豆石を多く含むテフラ層，あるいは細粒火山灰に富み固化したテフラ層を形成する．これは堆積時に湿っていたために，乾燥時に分泌物などのため固化したものと考えられる．時には堆積物中に気泡が生じていることもある（気泡火山灰，気泡凝灰岩：vesiculated tuff）．このような特徴を示すテフラの多くは水蒸気マグマ噴火の産物であるが，なかには成因の異なるものも存在しうる（B-9-3 参照）．

B-11-2　ブラスト堆積物

噴火にともない横〜斜面に沿って流下する噴出物の流れは火砕物密度流（Pyroclastic Density Current）と総称されるが，1980 年のセントヘレンズ火山の山体崩壊にともなって生じた破壊力に富む爆風は，一般にブラストと呼ばれている．ブラストは山体内部で成長していた潜在ドームが山体もろとも崩壊した時に，側方に爆発的に吹き出した噴煙の一種である．広範囲にわたり樹木をなぎ倒したが，堆積物の層厚は 1 m〜数 cm と薄く，堆積物は火砕サージと火

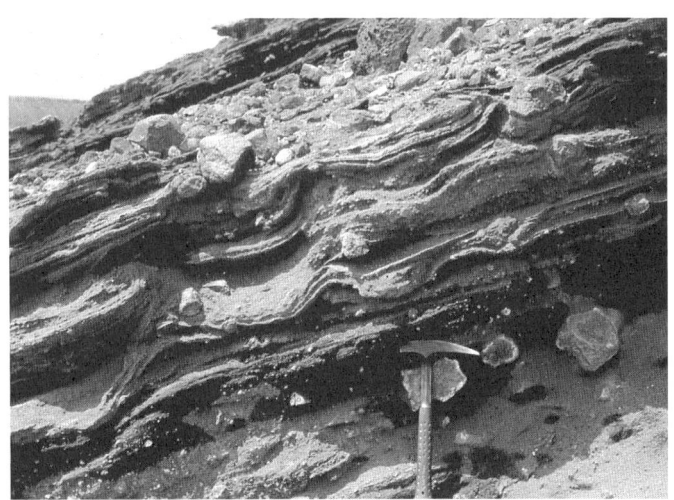

図 B-11-3 火口近傍のベースサージ堆積物

上：指宿，山川マール周辺．山川ベースサージ堆積物の直下は，池田カルデラから噴出した池田降下軽石（層厚：約1m）．下：蔵王火山，御釜を構成するベースサージ堆積物．

図 B-11-4 ハワイ，オアフ島，ハナウマベイにおけるベースサージ堆積物の産状

タフコーンの山麓にみられる顕著な斜交構造（上），サッグ構造（左下）とスランプ構造（右下）．人物は故 G. P. L. Walker 教授．

← 乾燥した流れ　　　　　　　　　　　　湿って低温の流れ →
または高温の流れ

前進的なベッドフォーム　　　中間的なベッドフォーム　　　後退的なベッドフォーム

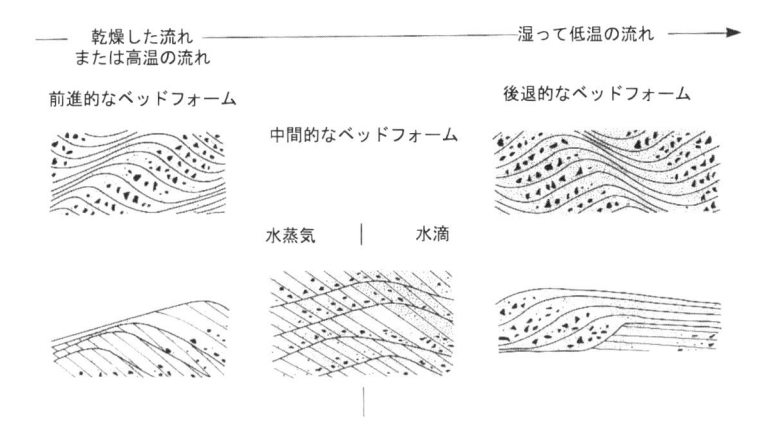

水蒸気　｜　水滴

図 B-11-5　サージ堆積物のさまざまな堆積構造（Cas and wright, 1987 を一部修正）

図 B-11-6　細かなラミナが顕著なサージ堆積物の表面（鎌の先）を覆う火山豆石層（フィリピン，タール火山）

砕流の両方の特徴を有していた（Hoblitt *et al.*, 1981）．そのため Walker and McBroome（1983）は非常に薄い高速の火砕流と考え

たが，Hoblitt and Miller（1984）や Waitt（1984）は火砕サージと反論した．その後もさまざまな見解が出されたが，現在ではブラスト堆積物と認定されている．

　ブラスト堆積物の主体は火山礫〜火山灰サイズの粒子からなり，本質物質は潜在溶岩ドームに由来する比較的緻密な岩片が多い．堆積物は一般的に成層構造を示さず距離とともに薄くなるが，斜面では薄く，地形の低まりでは厚く堆積する傾向がある．また木片など，当時の地表にあった樹木などの破片等をたくさん取り込んでいる．

　このような噴火現象は，1956 年のベズイミアニ火山の噴火で初めて認識され，Gorshkov（1963）により directed blast と呼ばれ，噴火現象はベズイミアニ式噴火（Bezymianny-type eruption）と定義された．このベズイミアニ火山の噴火の推移は，セントヘレンズの 1980 年噴火と驚くほど似ていた（岡田，1981）．西インド諸島 Montserrat 島の Soufriere Hills 火山では，1997 年に山頂の溶岩ドームが基底の山体もろとも崩壊し，破壊力の大きなブラストが発生した（Voight *et al.*, 2002）．Belousov *et al.*（2007）は上記 3 例を比較・検討し，ブラストは脱ガスの進んだ潜在ドーム（〜溶岩ドーム）が，山体崩壊にともなう急激な破砕によって，横方向に爆発的に突出する噴煙と考えた．ブラストの温度は，本質物質と類質物質の量比によって決まると思われる．

　1902 年のプレー火山の噴火では，初期（5 月 8 日，20 日）に発生した熱雲は非常に破壊的であった（図 B-11-7）．堆積物は砂状の火山灰が主体であったため，Fisher *et al.*（1980）および Fisher and Heiken（1982）は火砕流本体から分離した熱雲サージと考えた．しかし，Sparks（1983）は強力な破壊力を説明するために，初生的なブラストであると反論した．ただしブラストの発生については，溶岩ドームの爆発的破砕を考え，山体崩壊は想定していない．しかし，プレー火山では 5 月 8 日の大噴火に先行して，山頂噴火だけでなく側噴火や山腹が膨張した記録が残されている

図 B-11-7 プレー火山，1902 年 5 月 8 日のブラスト堆積物とそれを覆う 5 月 20 日の火砕流堆積物

左：火砕流堆積物直下のブラスト堆積物．層厚は約 40 cm で，たくさんの屋根瓦や炭化木を含む．右：ブラスト堆積物の近接写真．細粒火山灰の薄層により少なくとも 3 つのユニットが識別できる．各ユニットは細粒火山灰に乏しく非常にルーズである．数 cm 大の本質物質は発泡の悪い火山礫である（林信太郎氏撮影）．

(Chretien and Brousse, 1989)．それゆえ 5 月 8 日の破局的噴火については，潜在ドームを含む山体崩壊の可能性も検討すべきであろう．

B-11-3 水蒸気噴火にともなうブラスト

上記のブラストとは成因が異なるが，水蒸気爆発にともなって非常に強力な爆風が発生することもある．その好例が磐梯山 1888 年噴火で発生した．爆風の粒度特性はサージと類似するが，ベースサージや熱雲サージとは成因が異なっており，現象的にはブラストといえるかもしれない．このブラストは山体崩壊とは直結していなかった．たとえば，最大規模のブラストは山体崩壊より前に発生して

おり（紺谷・谷口，2006），その噴出した方向は崩壊とはほぼ逆方向であった（Sekiya and Kikuchi, 1889）．また，2002年のPapandayanの噴火でも，ブラストはメインの崩壊・水蒸気噴火の前日に発生した（小林ほか，2004）．それゆえ水蒸気噴火にともなう爆風（ブラスト）は，山体崩壊より前に山体に生じた割れ目に沿って，爆発的に横方向に突出した噴煙であったと考えられる．

茂野（2004）は，磐梯山の噴火を熱水系爆発（hydrothermal eruption or explosion）とみなした．また，浜口（2010）は，ブラストを含む噴火現象は山体内部〜深部に存在した臨界状態の水の急激な膨張による水蒸気爆発に起因する，と主張した．噴火の推移を考慮すると，磐梯山で発生したブラストは，火山体内部（〜深部）に蓄積された高圧の水蒸気・熱水系のために生じた断裂系に沿って，高温・高圧の水蒸気を主体とする噴出物が側方〜斜め下方にブラストとして噴出したというモデルが現実的と思われる．すなわち水蒸気噴火としては，非常に爆発的な現象であったと考えざるをえない．

B-11-4 火砕サージ・ブラスト堆積物の識別

火砕サージやブラストなどの到達限界よりも外側に分布するテフラは，降下テフラのはずである．しかし，両者の境界付近では粒子は火山灰サイズとなるため終端速度が小さく，降下テフラであっても通常の地上風により運搬され，サージと同じ運動形態で定置する．それゆえ窪地に吹き溜まり，斜交ラミナを示すことも多く，サージなどの流動堆積物との区分は難しい．強風や降雨の下で発生した爆発では，両者の識別はさらに難しいかもしれない．しかし，爆発に直接由来する流れ（サージ，ブラスト）と，通常の風による流れとは本来区別して考えるべきである．それゆえ砂サイズ以下の堆積物では，堆積構造のみでサージか否かを判断することは避け，地上風に影響されにくい火山礫サイズ以上の岩片が，横方向に運動しているかどうかで判断すべきであろう．火砕丘をなす部分はベース

サージの到達限界の目安となるので，新しい火山であれば地形は重要な判断基準となる．

　高温で乾燥した熱雲サージは，空気を取り込むと急激に膨張し，熱雲火山灰へと変化する．それゆえ火砕流から分離した高温サージの到達距離は1〜2 km程度と推定される．しかし低温で湿気に富むサージでは，サージの停止後でも地上風によって運ばれ，見かけ上はサージの形態をとりながら遠方にまで運ばれる．特に山頂火口で発生した低温サージは斜面を下るため，「サージ状噴煙」の到達距離はさらに長くなる．2000年8月29日に三宅島で発生し山腹を流下した噴煙（中田ほか，2001）も，この類似例であろう．なお，湿った火山灰は障害物の風上側に付着するため，サージと誤認し，到達距離を過大に見積もることになる．また，火山灰の重みで斜面の樹木が下方に倒れると，強いサージと誤認することにもなる．

B-12　溶岩

　マグマが地表に流出し，固化した岩石を溶岩という．岩体全体を指すときには，斜面を流れ下ったものを溶岩流（lava flow），火口内を水平に満たしたものを溶岩湖（lava lake），火口内ないし火口近傍に盛り上がったものを溶岩ドーム（lava dome），さらにほぼ固結した溶岩が竹の子状に突き出たものを火山岩尖（volcanic spine）という．

　溶岩地形は，マグマの物性，化学組成や噴出率などにより違ったものとなる．高温で低粘性の玄武岩質溶岩は薄く広く流れるため，扁平な溶岩地形となる．しかし，一般に高粘性の安山岩〜流紋岩質溶は流動性に乏しく，厚い溶岩流〜溶岩ドームとなりやすい．

　なお，ここでは主に陸上溶岩について記載するため，水中溶岩などについては本シリーズ4巻（シーケンス層序と水中火山岩類）を参照されたい．

B-12-1　溶岩流

　表面形態と内部構造によって，パホイホイ溶岩（pahoehoe lava），アア溶岩（aa lava），塊状溶岩（block lava）の3つに区分される（図B-12-1, 2）．「パホイホイ」と「アア」はハワイの現地の言葉で，この2種類の溶岩は玄武岩質溶岩流で普通に認められる．一方，塊状溶岩は玄武岩質溶岩流にも産出するが，安山岩〜流紋岩質の溶岩流に一般的である．

　パホイホイ溶岩は丸みを帯び，ガラス光沢のある滑らかな表面をしている．このガラスの皮膜で覆われた袋状の流体（pahoehoe toe）の先端から，内部の溶融した溶岩が次々と流れ出るため，全体としては細長い砂袋を積み上げたような構造となる．一方，アア

図 B-12-1 代表的な溶岩流の産状
左：アア溶岩（左側の暗褐色部分）とパホイホイ溶岩（右側の銀色部分），ハワイ島，
右：塊状溶岩，桜島の大正溶岩．

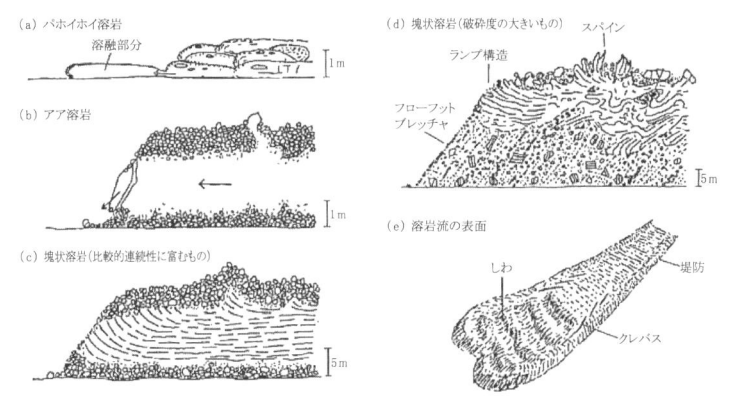

図 B-12-2 代表的な溶岩の断面形態（a–d）と溶岩流の表面形態（e）（荒牧，1979を一部修正）

溶岩の表面はクリンカー（clinker）という刺々しい岩片の集合からなり，黒色〜赤褐色を呈しており，両者の識別は容易である．

さらに粘性の増した溶岩流では，すでに固化した表面の殻が溶岩の流動のため破断され，大小の岩塊の集合体となる．このような溶岩は塊状溶岩と呼ばれる．個々の岩塊は平滑な破断面をもつ多角形

のものが多い．アア溶岩も塊状溶岩もその外観は火砕岩のようであるが，内部は緻密な岩体となっている．

溶岩流は特徴的な地形を示すため，その地形的特徴を把握すると，溶岩流の全体像をとらえることができる（図 B-12-2）．溶岩流の前面や側面は，溶岩末端崖あるいは溶岩側面崖という急崖（scarps）となっている．表面には溶岩じわ（wrinkle）や亀裂（crack, crevasse）があり，流れの両側を縁取るように尾根状の溶岩堤防（lava levee）が連なっている．溶岩堤防は溶岩流動時の最大の厚さを示しており，特に狭く深い谷では，両岸に急峻な溶岩堤防が発達する（図 B-12-3）．

溶岩流は一つの大きな流れではなく，いくつかの分岐した支流（ローブ：lobe）をもつものもある．多くのローブが先端付近に集中すると，八岐大蛇（やまたのおろち）のような形態を示す．

溶岩流の先端や側面が破れ，内部から溶岩が流出することもある．桜島火山では 2 次溶岩（福山・小野，1981）と記載されたが，搾り出し溶岩という表現が適切かもしれない．搾り出された溶岩の上面には，流れの方向に亀裂が生じ，左右に引き裂かれたような花弁構造（crease structure, crest structure）が見られることもある（図 B-12-4）．類似の構造は，桜島火山，大正溶岩の 2 次溶岩の先端付近にも発達している（Omori, 1916；山口，1968）．

次に溶岩の表面の微地形と断面の構造について述べる（図 B-12-5）．ほぼ停止した溶岩の外皮が破れ，内部の溶融した溶岩が流れ出すと，内部は空洞となり溶岩トンネル（lava tunnel）が形成される．小型であれば溶岩チューブ（lava tube）と呼ばれる．空洞の天井からは溶岩つらら（lava stalactite），床からは溶岩石筍（lava stalagmite）が成長する．溶岩トンネルの天井部が崩落し溝状になった地形も存在する．広がった溶岩内部の溶融部分が大規模に抜け去ると，溶岩の表面が沈降し大きく窪んだ地形（lava sink）となる．

逆に盛り上がった地形も存在する．両側から押され直線状の亀裂

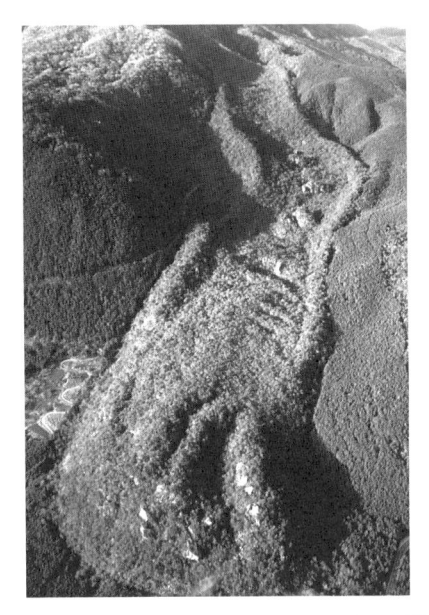

図 B-12-3 谷を流下した新焼溶岩（1792 年，雲仙岳）
溶岩末端崖，溶岩堤防，しわ地形が明瞭．

に沿って反り上がったようなプレッシャーリッジ（pressure ridge），丸い小丘状であれば溶岩塚（tumulus）となる．小さな亀裂から内部の溶岩が搾り出され膨らんだものはスクィーズアップ（squeeze-up）と呼ばれる．また，立ち木が溶岩に取り巻かれた際に生じる溶岩樹型（lava tree mold）は，溶岩流動時の最大の厚を示す痕跡である．

　湿地を埋め立てた溶岩の基底部で 2 次爆発が生じると，溶岩を貫くようなスパイラクル（spiracle）という筒状構造ができる．低粘性の溶岩では，水蒸気が溶岩内部を上昇したパイプ気孔（pipe vesicles）や気泡シリンダー（vesicle cylinder）が形成される．粘性に富む溶岩流の基底部には溶岩基底角礫（flow foot breccia）が

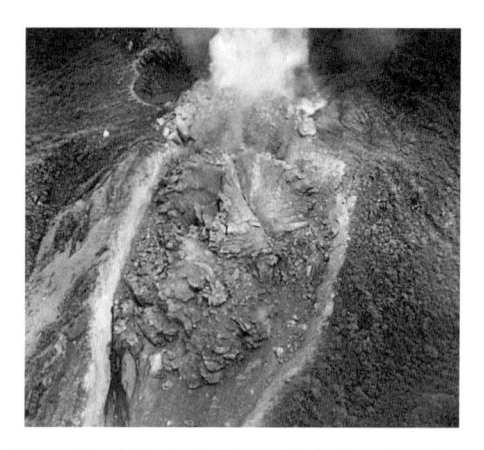

図 B-12-4 溶岩の湧き出し口付近に生じた花弁構造（雲仙岳，1991 年 6 月）

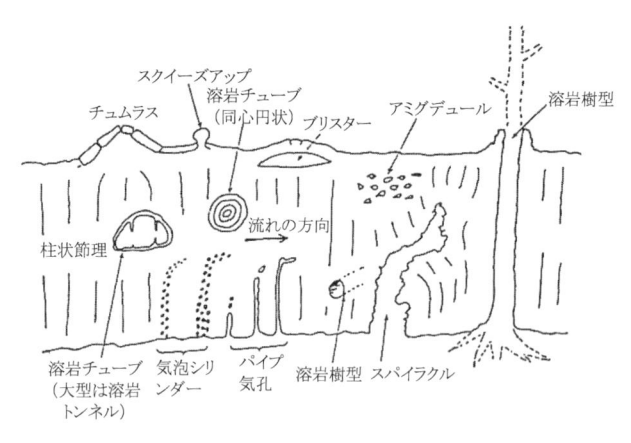

図 B-12-5 溶岩流の表面，内部，基底付近に見られる特異な構造（荒牧・宇井，1989）

存在する．前進する溶岩の前面に集積した崖錐状の角礫岩であり，溶岩の前進方向に急傾斜している（図 B-12-2）．

　溶岩が冷却する時には，緻密な溶岩の内部に規則正しい割れ目

図 B-12-6 第三紀玄武岩に発達する柱状節理
上半分はエンタブラチャーのみで上部コロネードは侵食されてしまい存在しない．スコットランド，スタッファ島．

（節理）が発達する．長柱状のものを柱状節理（columnar joint），板状のものを板状節理（platy joint）という．柱状節理は理想的には六角柱状であるが，四角〜八角形などさまざまである．節理は冷却時の等温面に直行する方向に成長する．そのため溶岩流の基底および表面から，上下方向に成長していく．しかし，厚い溶岩では中心付近での等温面がはっきりせず，上下方向からの節理が互いに交差し，曲がりくねった複雑な形態を示す（図 B-12-6）．このような複雑な形態をエンタブラチャー（entablature）といい，上下の柱状部をコロネード（colonade）という．

一方，板状節理は固化直前の剪断応力の影響で板状の割れ目が生じると考えられる．完全な平板だけでなく，曲がったり薄くせん滅することが多い（図 B-12-7）．

板状節理と似ているが，流動方向にのし上げるようなランプ構造（ramp structure）もごく普通に認められる（図 B-12-2 を参照）．

図 B-12-7 石材として利用されている板状節理の岩体
右手前には板状の石材を立てかけてある．インドネシア，バリ島．

ランプ構造により溶岩の流動方向を知ることができるが，大規模なランプ構造を溶岩流の互層と誤認すると，実際の流動方向とはまったく逆の流れを推定することになる．

B-12-2 火砕物との関係

溶岩流には，クリンカーや溶岩の自破砕部とは異なる火砕堆積物に覆われていたり，そのブロックを載せていたりするものがある．1983年の三宅島噴火で記載された再流動溶岩（小林，1984）もその一例である．噴火初期に流出し降下スコリアに完全に覆われた溶岩流が，地震によりわずかに移動したために溶岩の周辺に亀裂を生じ，溶岩地形が鮮明になったものや，崩落したブロックに押され溶岩が再移動したものがある．また，桜島の大正溶岩流（1914年）の表面には，弱～強溶結した大きな軽石質ブロックが点在している（図 B-12-8）．小林（1986 a）は，流動中の溶岩の表面に火砕流が

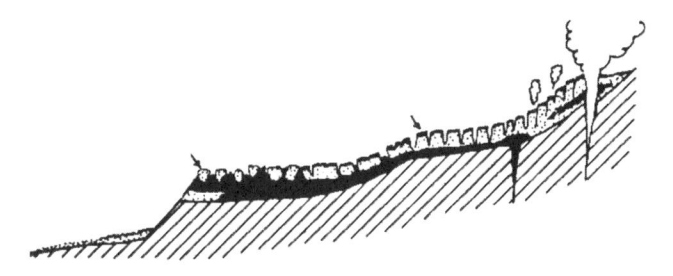

図 B-12-8　溶岩流の上に点在する軽石ブロック（矢印）の成因（小林，1986a）

堆積したために生じた岩塊と考えたが，実際には火口近傍に生じた火砕丘をその後に噴出した溶岩が破壊し，運搬したものである．斜面の一部が欠如したスコリア丘（breached cone）にともなう溶岩流は，スコリア岩塊を載せていることが多い（B-8-1 参照）．

このように火砕岩塊をともなう溶岩については，軽石・スコリアが強溶結し，2次流動した火砕成溶岩（B-10-5 参照）ではないかとの指摘も多い．しかし実際は，流動中の溶岩上に集積したテフラ層が破壊されたもの（小林，1986a），あるいは火砕丘が後続の溶岩流により破壊・運搬されたものが大半と考えられる．

B-12-3　溶岩ドーム

溶岩流と溶岩ドームの明確な境界はないが，溶岩の粘性，噴出率などにより，偏平なものから丸いものまで変化に富む（図 B-12-9, 10）．溶岩ドームの成長には，内生的（endogenous）と外生的（exogenous）という2つのパターンがある．

内生的溶岩ドームとは，岩体の内部に新たな溶岩が注入され成長するものである（図 B-12-9）．それゆえ溶岩ドームの断面では，顕著なランプ構造が認められる．しかし，固結度の高い溶岩の場合には，溶岩の噴出につれ側面が崩れ，崖錐斜面が形成される．外形はスコリア丘と似て裾野をひかないが，火口部分は角礫状の溶岩で満たされている．

164 B 実践編

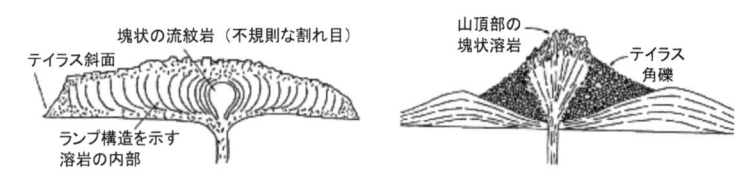

図 B-12-9 内生的溶岩ドーム
左：偏平な溶岩ドーム（Cole, 1965），右：崖錐角礫岩（crumble breccia）をともなう溶岩ドーム（Macdonald, 1972）．

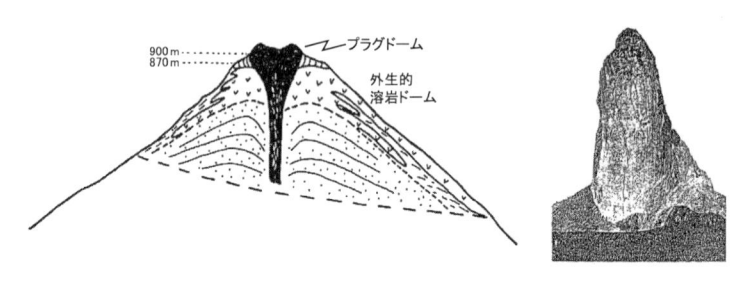

図 B-12-10 左：外生的溶岩ドームとプラグドーム（開聞岳，藤野・小林，1997），右：モンプレー火山の火山岩尖（Bullard, 1976）

　一方，外生的溶岩ドームとは，溶岩ドームの外皮を破り，新たな溶岩ローブが積み重なるように成長するものである．この過程が何回も続くと，その断面では溶岩流が集積した構造が認められる．
　火道を満たしていた半固結状態の溶岩が，そのまま絞り出されることもある．わずかに絞り出された段階ではプラグドーム（plug dome）に，大きく成長すると筍状の火山岩尖（volcanic spine）となる．二重式火山である開聞岳の中央火口丘では，外生的溶岩ドームの中央部にプラグドームが突き出した構造となっている（図 B-12-10 左）．火山岩尖では 1902 年，西インド諸島のモンプレー火山で出現したものが有名である（図 B-12-10 右）．高さは 300 m にも達したが，その後まもなく崩壊してしまった．
　次に溶岩ドームの代表的な写真を示す（図 B-12-11）．丸い饅頭

図 B-12-11 左上：鍋島岳（池田カルデラの縁に出現し，手前側はカルデラ内に滑落），右上：アメリカ，シャスタ火山の側火山，左下：雲仙・平成新山山頂の小型の火山岩尖（尾関信幸氏撮影），右下：火山岩頸（指宿，竹山）

のような鍋島岳，スコリア丘と似た斜面をもつ溶岩ドーム，雲仙岳の平成新山の山頂部で鶏冠状に突出した小型の火山岩尖とともに，侵食地形で生じた竹山を含めている．竹山は，火道内部で固結した溶岩が侵食によって露出した岩体である．形態的には火山岩尖と似ているが，火山岩頸（volcanic neck）として区別される．

なお，指宿の池田カルデラの縁に生じた鍋島岳は，溶岩ドームの荷重によりカルデラ縁が崩壊し，溶岩の一部も一緒にカルデラ内に滑落した特異な地形をしている．急斜面上に生じた溶岩ドームでは，階段状の亀裂が生じ下方にわずかに流動しているものが多い．

溶岩ドームの山頂部は丸い凸型の地形をしているが，ドーム内部の低粘性のマグマが火道の下方へ逆もどりすると，山頂部が凹状に窪み，時には階段状の亀裂をともなう陥没地形となる．霧島火山・

図 B-12-12 窪んだ溶岩湖（〜溶岩ドーム）
霧島火山，新燃岳の火口．中央部に向かって沈み込む階段状の地形が認められる．

新燃岳の 2011 年噴火の前の火口内に，その好例がみられた（図 B-12-12）．また，富士山山頂の溶岩湖でも類似の地形が認められる．
　一方，粘性に富む溶岩が地下浅所に貫入すると，地面の一部を持ち上げ，ドーム状の地形を形成することがある．このような地形を潜在ドーム（cryptodome）と呼ぶ．有珠火山では，明治新山（1910），昭和新山（1943-45），有珠新山（1977-78），平成新山（2000）など例が多い．このうち昭和新山では，台地状の尾根山がこれに相当し，溶岩が地表に突出した部分は溶岩岩尖に相当する（図 B-12-13）．尾根山には河床円礫が存在する．なお，桜島火山の北東沖に安永諸島が点在するが，これは安永噴火（1779〜1782）の時に当時の海底が隆起し，その一部が海面上に現れたものである．最も大きな新島（燃島）の地表付近には，海底であったことを示す燃島貝層（鹿間，1955）が存在する．隆起した大部分が海面下に没しており，巨大な海底版潜在ドームといえる．

B-12-4　水中溶岩
　溶岩が水中で噴出した場合には，陸上の溶岩とは異なる形態を示

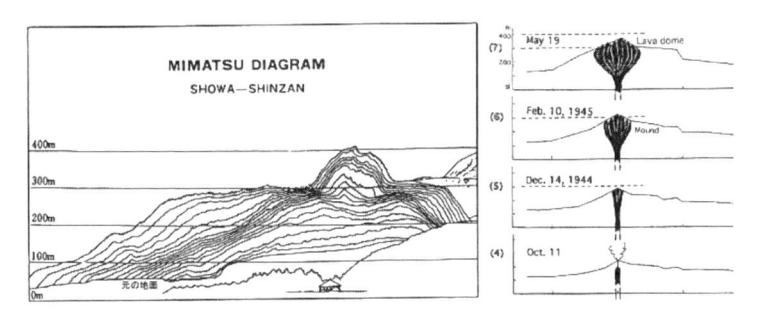

図 B-12-13 昭和新山の成長過程を示す三松ダイアグラム（左：三松，1995）と，成長過程の断面図（右：Yokoyama，2004，ともに原図の一部を引用）

す．また，溶岩の物性によっても異なる産状を示す（図 B-12-14）．低粘性の玄武岩質マグマでは，枕状溶岩（pillow lava）が生産される．形態はパホイホイ溶岩と似ているが，厚いガラス質の急冷相と放射状節理（radial joint）をもっている．枕状の岩体が積み重なった空間には，水冷破砕した火山ガラスの破片が充塡している．

粘性の高い溶岩では，まず岩体の表面に急冷による収縮割れ目が生じ，その亀裂に水が入り，亀裂面と垂直の方向に新たな収縮割れ目が生じる．このような過程が進行すると細かな節理が発達した岩体となる．割れ目に囲まれた内側には小さな放射状の割れ目が生じ，あたかも枕状溶岩のようにみえるため，偽枕状溶岩（pseudo-pillow lava：Watanabe and Katsui, 1976）あるいは「にせピロー」（pseudo-pillow，山岸，1994）と呼ばれる．

陸上から水中に流入した溶岩流にも，偽枕状の構造が生じる．ただし，溶岩の発泡した表層はすでに赤色酸化を受けており，水中から噴出した溶岩とは大きく異なった特徴を示す（図 B-12-15）．

深い水底の噴火では，マグマ中の火山ガスの急激な発泡により生じる軽石だけでなく，収縮割れ目に沿って分離した大きな軽石の岩体が浮上することがある．内部は発泡し，形態的にはパン皮状火山弾とまったく同じであるが，通常の火山弾と比べ大型（径が 1 m

図 B-12-14 水中溶岩の代表的な産状
上：枕状溶岩（根室，花咲半島），下：安山岩質の偽枕状溶岩（桜島，大正溶岩）．

図 B-12-15　陸上から海中に流入した溶岩に発達する水冷による小節理系と赤色酸化した溶岩表面（桜島・大正溶岩）

以上のものが多い）であり，巨大軽石（giant pumice）と呼ばれる．1934～35年の薩摩硫黄島近海の海底噴火では，数 m に及ぶ巨大軽石が多数浮上した（田中館，1935，松本，1936）．

桜島の安永噴火（1779年）の海底噴火でも，類似の巨大軽石が噴出した（小林，2009：図 B-12-16）．メキシコのラ・プリマベラやニュージーランドのタウポカルデラの湖成堆積物中，また，ギリシャのミロス島でも類似の巨大軽石を産出する（Clough *et al.*, 1981, Wilson and Walker, 1985；Stewart and McPhie, 2004）．

沖縄トラフで発見された材木状軽石（woody pumice；加藤，1987）は，気泡が一方向に引き伸ばされ材木のように見える特異な軽石である．深海での爆発的噴火の証拠と考えられたが，海底に流出した溶岩の表面が発泡し，その発泡部分が分離・剥離した破片のようである．非常に発泡がよいために，気泡中にすぐに海水が入り込み，浮上することなくその周辺に沈積したものである．

図 B-12-16 パン皮状の亀裂が発達した巨大軽石
桜島火山北東沖の安永諸島（新島）．

　水中溶岩の岩体周辺には，水冷破砕の際に生じた岩塊，小岩片や細粉が集積している．水中で堆積するため，岩体斜面に集積した岩塊や小岩片〜細粉はすぐに崩れ落ち，懸濁流となって遠方の底面に拡散する．このように水冷破砕によって生じた火砕物の集積した堆積物を一括して，ハイアロクラスタイト（hyaloclastite）と呼ぶ．

　なお，ハワイ島のように海底から成長した火山は，海中では枕状溶岩，海面近くではハイアロクラスタイトと水冷破砕溶岩などで構成されるが，完全に陸化した後は通常のマグマ噴火による噴出物だけで構成されている．陸上の火山でも，火口湖やカルデラ湖を有した火山では，山頂付近に水冷破砕を受けた溶岩やハイアロクラスタイトが存在すると思われる．

B-13　岩屑なだれ堆積物

　火山体は重力的に不安定なため，噴火あるいは地震などが引き金となり山体上部が大規模に崩壊することがある．この崩れ落ちる現象を山体崩壊と呼び，崩れ落ちた物質が流動する現象を**岩屑なだれ**（debris avalanche），その堆積物を**岩屑なだれ堆積物**（debris avalanche deposit）と呼ぶ．簡単に**岩なだれ**と呼ぶこともある．一時期，ドライアバランシュ（宇井・荒牧，1983）という用語も使用されたが，流動体が必ずしも「乾燥」状態ではないため，現在ではこの用語は使用されていない．大規模な山体崩壊では，$10^7 m^3$を超える大量の物質が，きわめて短時間に（時速数10～100 km以上）遠距離まで到達する．

B-13-1　岩屑なだれ堆積物の特徴

　山体崩壊で崩れ落ちた部分は，流動中に破壊を繰り返し，次第に小さなブロックに変化していくが，あまり崩れずに移動すると巨大な岩塊は平均的な堆積層から突出し，大小の流れ山（flow mound）と呼ばれる小丘となって点在する（図B-13-1）．流れ山の存在は，山体崩壊の証拠とみなしうる．崩壊跡にはスプーンでえぐったような馬蹄形火口（amphitheater, horse-shaped crater）が出現するが，この地形はその後の火山活動によって完全に埋積されてしまうこともあり，崩壊地形がつねに特定できるわけではない．流れ山の散在する地域には，塚原のように「塚」がつく地名のところもある．

　山体崩壊という現象が実際に目撃され，詳細な研究がなされたのは1980年のセントヘレンズ火山の噴火が最初であった．しかしそれ以前にも山体崩壊の記録は多数残されている．たとえばカムチャ

図 B-13-1 密集する流れ山
ニュージーランドのエグモント火山山麓.

ツカでは，1956年のベズイミアニ火山（Gorshkov, 1959），1964年のシベルチ火山（Gorshkov and Dubik, 1970）があり，また日本では1888年の磐梯山（Sekiya and Kikuchi, 1889），1792年の雲仙・眉山（太田，1969など），1640年の北海道駒ヶ岳（吉本・宇井，1998）の崩壊が有名である．磐梯山では崩壊物質が山麓の河川をせき止め，裏磐梯の湖沼群を出現させた．眉山では，海に崩れ落ちた岩塊が津波を発生させ，有明海周辺地域で15,000名もの犠牲者を出した．島原港周辺に点在する九十九島は，その流れ山の名残である．北海道駒ヶ岳でも，南に崩壊した土砂は大沼を形成し，東の内浦湾に流入した土砂は湾一帯に大津波をもたらし死者は700人以上に達した．

火山以外の山地でも発生するが，火山体では特に発生しやすく，1つの火山で何回も発生した例がある．地滑りと似た現象であるが，移動速度がはるかに大きい．

B-13-2 岩屑なだれの発生要因

山体崩壊を引き起こす直接的な原因としては噴火の場合もあるが，地震や豪雨など噴火とは無関係なこともある．セントヘレンズ

火山では，山体内部に貫入したマグマにより山体上部が膨張し，不安定になった山頂部が地震をきっかけに崩壊した．磐梯山では激しい水蒸気爆発が引き金となっており，マグマの噴出はなかった．雲仙・眉山のケースでは，崩壊は1792年噴火の末期に発生したが，崩壊の引き金は直接的な噴火ではなく，噴火に付随した群発地震であった．Siebert *et al.* (1987) は，マグマ活動との関連で山体崩壊を3タイプ，① マグマ噴火に移行するベズイミアニ型，② 水蒸気爆発で終わる磐梯型，③ 噴火をともなわない雲仙型に区分した．①では山体崩壊にともなって強力なブラストが発生する確率が高い．崩壊後にマグマ噴火へと移行し，崩壊火口内部に新たな火山が出現する．1640年の北海道駒ヶ岳の崩壊はこの典型例である．

崩壊を促進する要素もさまざまであるが，火山体内部に発達する亀裂の程度，また変質層の有無なども重要な要素となっている．火山体内部で，火山ガスや熱水により変質帯（不透水層）が形成されると，崩壊時にはその部分が滑り面の役割を果たすことになる．

B-13-3　岩屑なだれ堆積物の特徴

図B-13-2は岩屑なだれ堆積物の模式断面図である（宝田，1991）．流動する過程で，大きな岩塊は衝突・破壊を繰り返し，次第に小さな岩片となり基質を形成する．破壊を逃れた岩塊は，基質がつくる平坦面から突出した小山～小丘（流れ山）を形成する．流れ山が密集し，凹凸に富む部分を岩塊相（block facies），平坦な地形面を形成する部分を基質相（matrix facies）と呼ぶ．また，岩屑なだれが乗り上げた緩斜面では，基質相からなる薄い堆積層（overspilled facies, overflowed facies）が取り残される（図B-13-6参照）．

岩塊相および基質相の構成物質とも，流走距離に比例して平均粒径は小さくなる．堆積物中の大きな岩片は正級化構造を示し，生木などの軽い物質は上部に集中する．堆積物の側面には堤防地形が認められる．それゆえ，岩屑なだれはその内部で激しい衝突をしなが

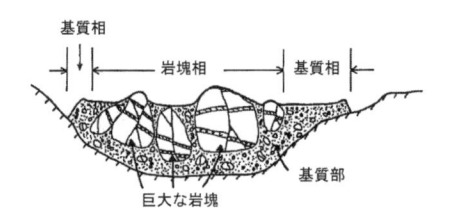

図 B-13-2 岩屑なだれ堆積物の模式断面（宝田，1991 を一部修正）

らも，全体としてはビンガム流体のような強い降伏強度をもった流動体（栓流：plug flow）と考えられる．基底部では強い剪断力がはたらき，表土を剥ぎ取り流れに取り込むことができる．

巨大な岩塊（流れ山）の断面を遠方から観察すると，元の構造を保持し，溶岩と火砕物の互層のように見える（図 B-13-3）．しかし詳しく観察すると，1枚の溶岩のように見えた部分には多数の亀裂～小断層が発達し，全体として変形している．巨大な岩塊は流動中に滑り面での回転はするが，斜面方向への回転（ころがり）はほとんど認められない（三村ほか，1982）．

基質相の厚さよりも小さくなった岩塊は，基質相中に不規則に点在することになる．大きな岩塊や岩片では，破断面が互いに離れてわずかに分離しているものが多い．このようにわずかに変位しているだけで，破壊前の岩塊の形を推定できるような亀裂をジグソークラック（jigsaw crack）と呼ぶ（図 B-13-4）．

岩屑なだれ堆積物中には，脆い軽石層や土壌層が破壊されずに残っていることがある（図 B-13-5）．シベルチ火山の例では，氷河の氷も存在した（Gorshkov and Dubik, 1970）．岩屑なだれは沢などに流入すると多量の河川水を取り込み，ラハールへと変化する．

B-13-4 岩屑なだれ堆積物形成時の温度

岩屑なだれは，大小の岩塊が崩れ落ちるという点では火砕流と似た現象であるが，多くは火砕流のように高温ではなくほぼ常温で定

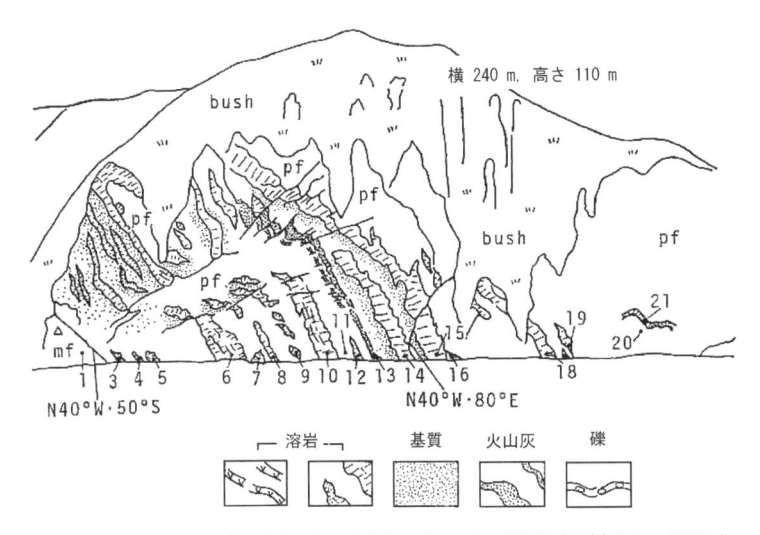

図 B-13-3 八ヶ岳韮崎岩屑なだれ堆積物の流れ山の断面（三村ほか，1982 を一部修正）
溶岩と火砕岩の互層が小断層によりずれて変形していく状態が観察できる．

置している．また，ラハール（泥流など）のように水に飽和しているわけでもない．常温の証拠としては，岩屑なだれ堆積物にはガス吹き抜けパイプはなく，また一般に炭化木は含まれていない．888 年に発生した八ヶ岳の大月川岩屑なだれ堆積物には，多くの生木だけでなく，緑色を帯びた葉なども含まれていた（河内，1994）．

しかし岩屑なだれには，常温以上の温度をもったものも存在する．たとえばセントヘレンズ火山の崩壊堆積物中には高温の本質岩塊が含まれており，定置後に 2 次爆発をするほどの高温部分もあった（宇井・荒牧，1983）．また，噴火後 10〜12 日経っても，68〜98℃の温度を保っていた（Banks and Hoblitt, 1981）．由布岳の塚原岩屑なだれ堆積物には，300〜500℃の高温で定置した類質岩塊が含まれていた（藤沢ほか，2001）．また，十勝岳の 1926 年噴火では，マグマ噴火に先行して中央火口丘の一部が崩壊し，高温の岩屑

図 B-13-4 ほぐれつつある破砕岩塊（上）と近接写真（下2枚）
岩片にはジグソークラックが顕著に発達する．ニュージーランドのエグモント火山，西山麓の海岸．

図 B-13-5　岩屑なだれ堆積物中で原型を保持している軟らかい堆積物
左：シルト質凝灰岩，右：凝灰角礫岩，ニュージーランド，エグモント火山.

なだれが発生した（多田・津谷，1927）．由布岳と十勝岳の例は，貫入したマグマあるいは放出される火山ガスなどにより加熱された既存山体の一部が崩壊したものである．これらの事例は常温以上〜高温の岩屑なだれが発生しうることを示している．一方，Kamata and Kobayashi（1997），渡辺ほか（1999）は，冷却しつつある溶岩ドームの崩壊によっても，高温の岩屑なだれが発生すると考えた．九重火山の松の台岩屑なだれや然別火山の流れ山の発達した熱雲堆積物（安藤・山岸，1975）をその例としている．しかし溶岩ドームの崩壊では，たとえ冷却中であっても火砕流になる可能性が高く，このようなメカニズムで高温の岩屑なだれが発生するものかどうか，さらなる調査・検討が必要である．

B-13-5　その他の事例

浅間山の1783年の天明噴火の末期に発生した鎌原火砕流堆積物（荒牧，1968）を紹介する．鎌原火砕流は巨大な本質岩塊を含み，火砕流としては特異な産状を示すため多くの研究がなされてきた（荒牧，1980；荒牧ほか，1986；田村・早川，1995；井上，1995など）．その結果，現在では厳密な意味での火砕流ではなく，本質物

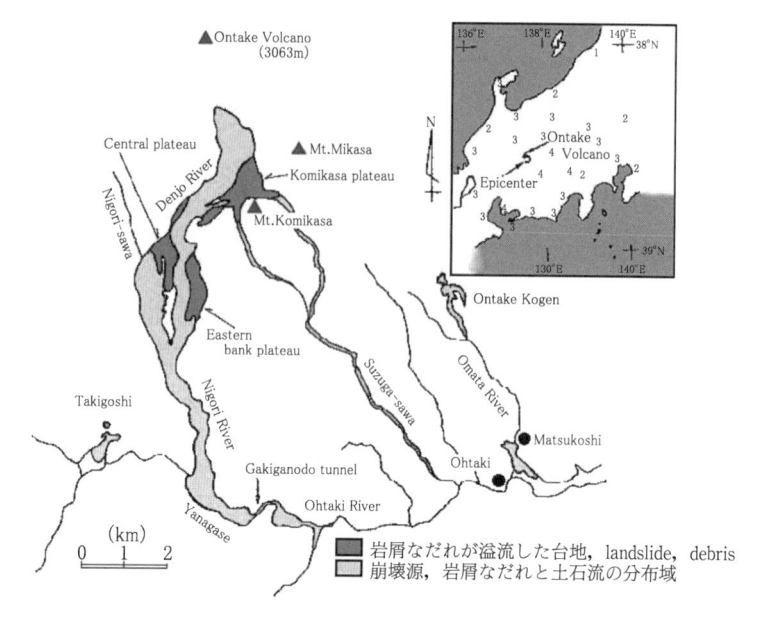

図 B-13-6 1984 年御嶽崩壊による岩屑なだれ堆積物の分布
右上の図は引き起こした地震の震度分布図 (Endo *et al.*, 1986).

質を含む岩屑なだれに類似した現象と考えられている．ただし，大規模な山体崩壊によるものではなさそうである．

最後に最近の事例を紹介する．1984 年の 9 月，御嶽山の南に延びる尾根（標高 2,550 m）が崩壊し，3,400 万 m^3 の岩屑が崩壊した．これは「御嶽崩れ」と呼ばれ，長野県西部地震に誘発されたものである．崩壊土砂は約 100 km/h の高速で流下し，約 10 km 下流にまで達した（図 B-13-6）．途中で土砂や流木を巻き込んで，最終的な堆積量は 5,570 万 m^3 となった（Endo *et al.*, 1986）．

B-14　ラハールと災害

B-14-1　ラハールの分類

　ラハールという言葉はインドネシアの方言であり，火山地域に多発する泥流・土石流などの総称である．供給物質は山体斜面に集積した岩塊やテフラなどであり，媒介となる水は火口湖の水，融雪水，河川水，豪雨時の雨水など多様である．噴火直後に発生したラハールには，熱を帯びたものも多い．1991 年のピナツボ火山の噴火では，火砕流が山麓の谷を埋め尽くしたため，最高 50℃に達するラハールが 200 回以上も発生した（Pierson *et al.*, 1996）．規模の大きな噴火の後には，長期にわたりラハールが発生し下流域に大きな被害をもたらす．ラハールは山麓の緩斜面に達すると，火山麓扇状地（volcanic fan）を形成する．浅い海や湖などに流入すればデルタを形成する．

　ラハールは運搬される岩石が多ければ岩屑流あるいは土石流，泥土が主体なら泥流，下流で水の割合が多くなれば洪水などと呼ばれる．供給物質の密度によって，ラハールの性質は異なってくる．たとえば，岩塊を多く含むラハール（岩屑流〜土石流）では，粒子間の衝撃力により大きな岩塊が上部に濃集する．特に流れの先端部には大きな岩塊が集積しそれが一気に流れ下るため，岩塊が主体のラハールは非常に破壊力が大きい．流速が衰えると大きな岩塊は定置するが，細粒物質は泥流の状態で遠方まで運ばれる．一方，軽石が主体のラハールでは，軽石は流れの上方に集中するようになり，流れが停止したり，泥水の流れが消滅すると軽石濃集部がその場に定置することになる．

B-14-2 ラハール堆積物の特徴

　ラハールでは水による粒子の淘汰が顕著であり，特にシルトサイズ以下の細粒物質は泥水として流れさるため，早期〜中期に堆積した部分には細粒物質が欠如していることが多い．逆に最後に沈積した部分には細粒物質が多く，シルトのラミナが多く見られる．一般に大きな物質は円磨され，堆積物は全体として薄層の累積からなり，単層にも薄い層理，特に斜交層理が発達する．また，シルトの薄層を挟在することも多い（図 B-14-1）．

　溶岩ドームの崩壊によって生じる火山岩灰流堆積物と同質のラハール堆積物は，野外の産状が非常に似ている場合があり，以下の項目が識別ポイントとなる．

　① 堆積物の上部が高温酸化していれば，明確に火砕流堆積物と判断できる．しかし，火砕流堆積物でも高温酸化がはっきりしないこともある．

　② 緻密な岩石を比較すると，ラハール堆積物では亜円礫〜亜角礫程度に円磨されているが，火山岩灰流堆積物では流動中に破砕されたエッジをもつ本質岩塊を含むことが多い（図 B-10-3 参照）．

　③ 基質部分を比較すると，ラハール（岩屑流〜土石流）堆積物のほうが細粒物質に乏しい傾向がある．

　ただし，上記した3点も絶対的な判断基準ではなく，やはり識別が難しいことも多い．ラハールは一般には定温で定置するため，ガス吹き抜けパイプの有無も両者の識別の基準になるといわれている．しかし，噴火直後で高温の噴出物を多量に含むラハールでは，定置後でも大きな岩塊の上面で沸騰現象が起き，ガス吹き抜けパイプのような構造が形成される．それゆえパイプ構造の有無も決定的な判断材料とはならない．両者を識別する最も確実な方法は，構成岩塊の熱残留磁気方位を測定することである．もし，高温の火砕流起源であれば岩塊の大半は一様な方向に帯磁するが，常温のラハール起源の岩塊では特定の方向に集中しない．

　なお，軽石質のラハール堆積物では，火山礫サイズ以上の軽石が

図 B-14-1 火山麓扇状地でのラハール堆積物の産状（下）とその近接写真（上）
ニュージーランド，エグモント火山の南西山麓（海岸部）．

濃集する層，緻密な小岩片と結晶片からなる層，逆に細粒火山灰が主体の層などに分離しやすい．軽石はきれいに円磨され，堆積物は全体的に多数の成層〜斜交したラミナ構造が顕著である．そのため軽石質のラハールと火砕流堆積物との識別は比較的容易である．

B-14-3　ラハールの事例

ラハールは噴火が終了した後でも，長期にわたり発生することがある．小規模なラハールはすべての噴火時に発生しているが，大規模なラハールでは火口から遠く離れた地域にも不意打ちのように襲うことがあり，被害を拡大させる．発生原因は多様なため，以下に代表的な泥流災害を成因別に紹介する．

（1）融氷・融雪によるラハール

1985年11月に南米コロンビアの北部アンデス山脈にあるネバド・デル・ルイス火山が噴火した．大規模な軽石噴火ではなかったが，火砕流が山頂部の氷河を急激に融かし泥流を誘発した（勝井ほか，1986）．泥流は真夜中に東山麓のアルメロ市を襲い，周辺の町を含め総計25,000名が犠牲となった．

また，十勝岳の1926年の噴火では，中央火口丘の一部が崩れ，高温の岩屑なだれが沢沿いの残雪を溶かしてラハールを誘発し144名の犠牲者をだした（多田・津谷，1927）．この2例とも，ラハールは熱を帯びていた．

また富士山においては，春先で融雪が急に進んだ時に，雪代（スラッシュフロー：slush flow あるいはスラッシュなだれ）と呼ばれる特殊な土石流が発生する（図B-14-2）．温暖になった春先に，積雪が残る急斜面で大雨が降ると，雨を含んで重くなった雪が滑り落ち，この雪崩が表層の土砂を巻き込み，雪，水，氷片，スコリアや岩片などが一体となって流れ下る現象である．特に富士山の東斜面で，テフラの分布軸にあたり，森林限界が低下するあたりで毎年のように発生する（安間，2007；小森，2010）．

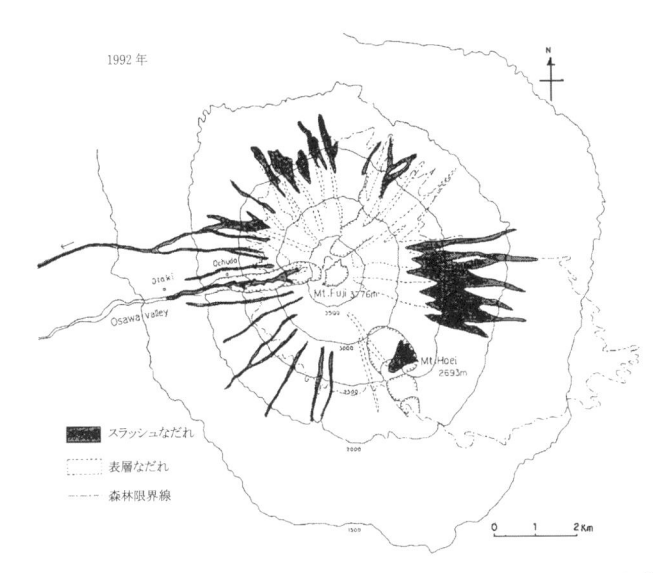

図 B-14-2 富士山におけるスラッシュなだれ分布図（安間，2007 を一部修正）

（2） 火口湖の決壊・湖水の流出によるラハール

インドネシアのジャワ島東部に位置するクルート火山では，噴火のたびに火口湖の水が放出され規模の大きなラハールが発生した．特に1919年5月の噴火では，5,000名以上もの死者とともに，家屋や田畑にも甚大な被害をもたらした．その後，ラハールの発生を防ぐために，火口壁に何段ものトンネルを掘り湖水を順次低下させた．その結果，その後の噴火では湖水の直接的な放出によるラハールの発生は食い止められた．

1956年12月のニュージーランド，ルアペフ火山で発生したラハールは，火口湖を取り巻く氷河の基底部が暖かな湖水で溶かされ，徐々に形成されたトンネル状の流路から，湖水がいっきに排出されたため発生したものである．山麓の鉄橋を通過中の急行列車を飲み込み151名の犠牲者をだした．直径500 mの火口湖の水位は，2時間半のうちに6 mも急激に低下した．

（3） 堰止湖の決壊によるラハール

浅間山の天明噴火（1783年）では，噴火の末期に鎌原を襲った高温の土砂の流れが利根川の上流（吾妻川）をせき止め，一時的に天然のダム湖が出現した．その後決壊して下流域に大被害をもたらした．初期のラハールは熱を帯びていた．

（4） 記録的な豪雨によるラハール

2006年11月，フィリピンのルソン島南部を襲った台風により，マヨン火山の東側斜面では記録的な豪雨が降った．6つ以上の渓流で規模の大きなラハールが発生し，1,000人以上の死者をだす大災害となった（図B-14-3）．マヨン火山では2000年に噴火があり，噴出物が山体上部に集積していた．その後の大雨の時にも小規模なラハールが発生していたが，2006年11月末の豪雨は月間総雨量の半分が1日で降るほど記録的であったため，山体から渓流にかけて残存していた噴出物や岩石がいっきに流出したものと思われる．

図 B-14-3　カグサワ遺跡周辺の被害状況
フィリピン，レガスピ市の観光名所となっていた教会の遺跡は，マヨン火山の1814年の大噴火によって生じた火砕流とラハールにより下半部が埋積されている．今回のラハールの直撃は，かろうじて免れた（2006年12月4日撮影，PHIVOLCS提供）．

B-15　噴火と地盤変動

　地震と火山活動が密接に関連していることは古くから注目を集めており，その関連性に言及した論文も多い（小山，2002；小林，2008 参照）．地震などの記録がなくとも，ある限られた地域の火山が連動して噴火した時には，広域的な応力場を反映したものと推定される．1600 年代には，北海道駒ケ岳，有珠山，樽前山の 3 火山が相次いで大噴火した．また，1700 年代後半には，伊豆大島，桜島，浅間山の 3 火山が，数年の間に大噴火した．このような事例は世界的にも数多く知られている．また，桜島火山の大正噴火（1914 年）では，周辺地域での地震活動の活発化とともに，複数の火山が連動するように活動した（小林・奥野，2003）．

　しかし地質時代になると，噴火の同時発生や噴火と地震の関連性に関する事例数は急激に減少する．これらは地質学的な証拠として残りにくいためであるが，条件さえよければテフラによる証拠を見いだすことができる．

B-15-1　火山の同時噴火

　ニュージーランドのトンガリロ火山で 1 万年前に発生した大規模な割れ目噴火では，割れ目の延長方向に 50 km はなれたタウポカルデラでも火砕流噴火があった（Nairn *et al.*, 1998）．これなどは噴火と広域的な地殻応力との密接な関連を示唆する好例である（図 B-15-1）．

　また，1 つの島弧のいくつかの火山で，非常に限られた期間に噴火が多発した例もある．たとえばアリューシャン島弧では，600 km の範囲に点在する 5 つの火山が，約 3600 年前という一時期に相次いで噴火した（Riehle *et al.*, 1998）．隣接した島弧間の火山で

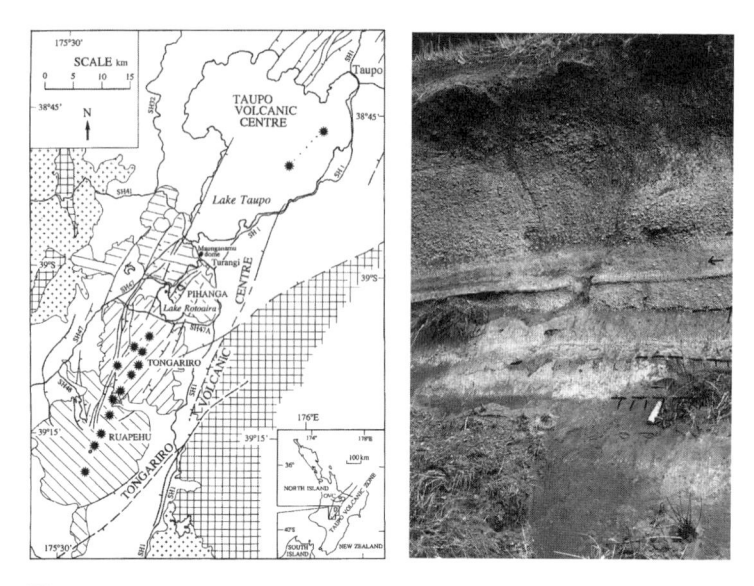

図 B-15-1 ニュージーランド，トンガリロ火山と北方のタウポカルデラ内で同時期に発生した割れ目火口列（左：Nairn *et al.*, 1998）とそのテフラ層（右）

写真の鎌より上がトンガリロ火山からのテフラであり，6ユニットに区分できる．←の層準にタウポカルデラ起源のテフラが挟在している．

も，ほぼ同時に噴火した事例もある．たとえば八丈島，東山の末吉ステージの降下軽石層1中には，姶良カルデラ起源のAT火山灰が挟在している（津久井ほか，1991）．また，阿蘇4火砕流噴火による熱雲火山灰が，屈斜路火砕流堆積物の直下に存在する（町田ほか，1985）．これこそ発生そのものが非常に稀な大規模カルデラ噴火が，約2,000 kmも離れた場所で連動して発生した明白な証拠である．しかし，噴火と地殻応力の関連をどうとらえるべきか，難しい問題が残されている．

B-15-2　噴火と関連した地震の証拠

　地震は噴火前，噴火の最中，噴火後のいずれの時期にも発生している．地震の地質的な証拠としては，断層だけでなく，液状化による噴砂現象も知られている（寒川，1992）．地層に残る地震現象がテフラと密接にともなって産出すれば，地震が噴火と関連して発生したという証拠となる．約 6400 年前の池田カルデラの噴火では，カルデラ形成直後の噴火により集積した池田湖火山灰層中に生じた多数の噴砂脈は，噴火の後期〜終了後に発生したものである（成尾・小林，1995）．また，鬼界カルデラのアカホヤ噴火（7300 年前）では，噴火の最中から噴火後にかけて，大地震が少なくとも 2 回発生したことが明らかとなった（成尾・小林，2002）．地震の発生時期は，テフラの産状から推定される（図 B-15-2）．

（1）　テフラの定置前

　図 B-15-2 の上段に図示されているような現象が認められる．① 斜面などで崩れが生じると，その部分だけ風化帯や土壌層を欠き，直接テフラに覆われる．② 地割れがあると，亀裂内部をテフラが充塡する．降下テフラだけでなく，たとえば火砕流が亀裂上を通過すると，亀裂中には火砕流堆積物や，時にはグランド層（砂礫物質）が充塡する．③と④は地震によって地表に広がった噴砂や噴礫をテフラが覆っている．これらはテフラの定置前に，地震による大きな地変が生じたことを意味している．

（2）　テフラの堆積中〜堆積直後

　図 B-15-2 の下段に示されているような現象が観察される．⑤ 斜面上に堆積した湿ったテフラであれば，スランプ変形や液状化した層準から噴砂脈が発生する．テフラ層がずれて重なりあうこともある．⑥ 地面に亀裂が生じると，ルーズな降下軽石などは亀裂中に落ち込み軽石脈となる．②と似た産状であるが，こちらは表土や壁土のかけらを含むのが特徴である．⑦ テフラ層の基底を詳しく観察すると，地表面が激しく波打ち，土壌がテフラ中に入り込むような波状構造（wavy structure）が認められる．ルーズなテフラで

あれば，その表面は平坦なままである．⑧ 噴砂現象がテフラの降下中に発生すれば，流れ広がった噴砂がテフラ中に挟まった状態となる．

テフラがやや固結した後に地震が発生すると，小断層を生じる．米国ニューメキシコ州の Grants Ridge Tuff では，火砕流の堆積後に生じた小断層が，最終ステージのサージ堆積物に覆われている (Keating and Valentine, 1998)．また，大規模火砕流が浅海を埋め立てた部分に，液状化や小断層などの撹乱構造が発達している例がある（Bailey and Carr, 1994)．これは火砕流の定置直後に，近くの活断層が動いたためと説明されている．

上記した事例とは異なるが，地震で湖沼の水が波打った状態（セイシュ）の時に熱雲火山灰が沈積すると，密度や粒径により陸上でのテフラ層（正級化構造）とは異なるリズミカルなラミナが形成される．最上部にはごく細粒テフラがスランプとして集積する．海底でも津波の影響で貝殻と火山灰が混合した特異な堆積物が形成される（岡村ほか，2005)．

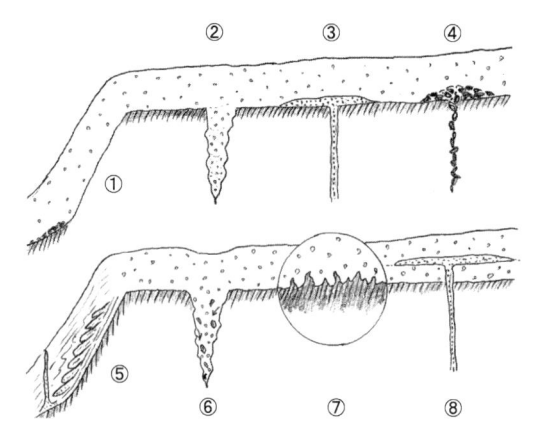

図 B-15-2 地震の証拠とテフラの関係

B-15-3 複数回～長期にわたる地震の影響

　ニュージーランド，北島のタウポカルデラの北部には，多くの活断層が存在する（図 B-15-1 参照）．そのためカルデラ噴火が発生するたびに，テフラ層は地震の影響を受けてきたと考えられる．たとえば，1800 年前のタウポ噴火中期のロトナイオ火山灰は，下位層の侵食面を埋めるような堆積構造を示し，かつテフラの内部にも顕著な侵食構造が発達する（図 B-15-3）．この特異な構造は，カルデラ湖での大規模な水噴火による流水により形成されたと推定された（Walker, 1981）．しかしこれらの構造も，地震によって生じたスランプによる侵食構造であり，このテフラ内には少なくとも 4 つの異なる層準に侵食構造が識別できる（小林，2007）．

　大きな地震はロトナイオ火山灰直下のハテペ火山灰と直上のタウポ降下軽石の堆積直後にも発生した．また，最後の火砕流噴火後にも，堆積物全体を切る断層が生じている．これらの事実は，タウポ

図 B-15-3 タウポ噴火のテフラ層（左）と近接写真（右）

タウポテフラは下位より，1：ハテペ軽石，2：ハテペ火山灰，3：ロトナイオ火山灰，4：タウポ軽石，5：タウポ火砕流の順に堆積している．右写真のロトナイオ火山灰中には，少なくとも 4 回の侵食構造が認められる．

図 B-15-4　タウポ近郊で全体がうねった構造を示すテフラ堆積物の露頭

噴火の時期には断層運動も活発化したことを意味している．

　タウポカルデラ周辺に累積する降下軽石は，その直下の亀裂に落ち込んでいるものが多い．その亀裂は，降下軽石と火砕流噴火の間に生じていると考えられる．このような産状のテフラが多いため，特に斜面上の露頭では，累積したテフラの全体が波打ったような特異な産状を呈している（図 B-15-4）．

B-15-4　噴火と関連した津波

　噴火と関連した津波では，山体崩壊によるものが多い．たとえば1792年の雲仙・眉山，1741年の渡島大島（Satake and Kato, 2001），1640年の北海道駒ケ岳などの事例がある（B-13参照）．

　また，海中噴火による津波の発生もある．桜島の安永噴火（1779～1782年）では，1780～1781年（天明元年）の海底噴火で津波被害を生じた（大森，1918a；井村，1998；小林，2009）．1886年のクラカトア火山の大噴火では，さらに規模の大きな津波が発生した．その発生原因については，カルデラ陥没説だけでなく，爆発（Yokoyama, 1981；Nomanbhoy and Satake, 1995）や火砕流の海中突入（Self and Rampino, 1981）などが推定されている．

さらに噴火中の地震でも津波が発生する．1914年の桜島の大正噴火では，鹿児島市の直下で地震（M 7.1）が発生し，小規模な津波が発生した（鹿児島県，1927）．

　津波の地質学的証拠は一般に残りにくく，噴火と関連していることを証明するのは難しい．しかし，北海道駒ケ岳の山体崩壊による津波堆積物（円礫・砂礫層）は，直後に発生したプリニー式噴火の降下テフラに被覆されており，噴火との関連が証明された好例である（Nishimura and Miyaji, 1995；西村・宮地，1998a, b；Nishimura *et al.*, 1999）．

　鬼界カルデラのアカホヤ噴火では，火砕流噴火の直前に大地震が発生している．しかし最大規模の津波は，熱雲火山灰（アカホヤ火山灰）を侵食しており，主要な噴火の終了後に発生したと思われる（小林，2008）．もしこの観察が正しければ，大津波の発生は噴火終了後に生じたカルデラ崩壊が引き金になったと考えざるをえない．今後，多くの地点で，テフラによって津波の発生時期を絞り込むことができれば，より詳細に津波の発生原因を特定できるかもしれない．

B-16　人間生活と第四系

B-16-1　東日本大震災に学ぶ

　2011年3月11日14時46分にマグニチュード9.0の東北地方太平洋沖地震が発生し，甚大な被害がもたらされた（東日本大震災）．わが国における観測史上最大のこの超巨大地震は，三陸海岸沖から茨城県沖まで450 kmにもおよぶ長大な震源域をもち，巨大津波を発生させ（図B-16-1），広域に甚大な被害をもたらし，福島第一原子力発電所の過酷事故を発生させた．遠隔地にまで広がった地盤の液状化現象も過去最大規模のものであった．

　この災害については，国内はいうに及ばず世界中に大きな衝撃を与えた．救援・避難・復旧・復興にかかわる課題に加え，原子力発電所事故に由来する地質汚染，環境汚染は長期にわたる．

　その中で，地質学の立場から，何ができるのか，何をすべきなのかが問われている．この地震に先立って，東北地方において約1000年前，AD 869年の貞観津波堆積物の研究が進められており（澤井ほか，2006；宍倉ほか，2007；澤井ほか，2007；ほか），巨大地震の発生が約1000年の周期性をもって繰り返された可能性が指摘されていた．古記録の多い西日本では，南海トラフ―駿河トラフに沿う巨大地震が過去に何度も発生したことがわかっていた．こうした研究の蓄積が東日本大震災に先立って活用されなかったのはきわめて残念なことである．

　一方では，巨大地震，巨大津波に関する地質学的検討はきわめて重要な意味をもつことを改めて明らかにしたともいえる．

　一般社団法人日本地質学会の東日本大震災対応作業部会報告（2011.6.6；地質学会ホームページ）は，「地質学コミュニティの重い責務と課題」として総括を行い，災害を未然に防ぐことができな

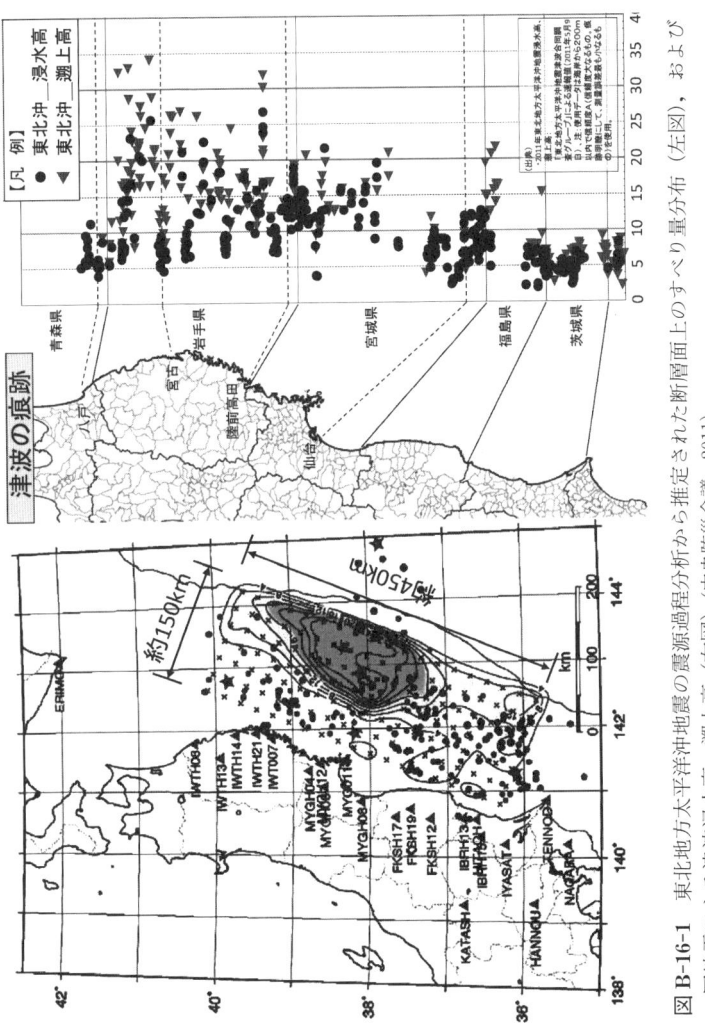

図 B-16-1 東北地方太平洋沖地震の震源過程分析から推定された断層面上のすべり量分布（左図），および同地震による津波浸水高・遡上高（右図）（中央防災会議，2011）

右図は［東北地方太平洋沖地震津波合同調査グループ］による速報値に基づく（使用データは海岸から 200 m 以内で信頼度 A）．

かったことの反省のうえで提言をまとめた．以下にその項目を示す．

（1）超巨大地震の実態解明と防災・減災へ向けて
1）東北地方太平洋沖地震による海底地震断層の全面的緊急調査・探査，2）南北両域（3.11震源域の北側，南側）における大地震への緊急対策，3）全国的な沈み込み帯のプレート境界地震の履歴の調査と津波対策
（2）復旧・復興への貢献
1）余効変動による地盤の沈降や隆起，2）液状化，3）斜面災害やダム決壊，4）地質研究者・技術者の参画，5）原発事故による地質汚染，6）被災地域の自然・文化資産の修復と保全
（3）長期的な防災・減災へ向けて
1）人材育成，2）防災教育（地学教育），3）地質の情報を社会の基盤情報に

この報告のまとめにあるとおり，「超巨大地震の実態解明，沈み込み帯でのプレート境界地震の履歴などの調査を関連分野と連携して進めること，復旧・復興や防災・減災に向けて足元からできることを始めること，そのための人材育成や，防災や地球の営みに関する知識を広め，地質情報を社会の基盤としていくための取り組みを一層強化する必要がある」（東日本大震災対応作業部会，2011）ものと思われる．

B-16-2　防災・減災の考え方

1000年に1回というような低頻度であるが，きわめて大規模な自然災害に対しいかなる考え方で臨むべきかは重要な視点である．

一般的にいえば，一たび起これば激甚な被害をもたらすが発生確率はきわめて低いような場合，被害を抑止することは困難であろう（図B-16-2）．如何にしてその被害を軽減するかを検討することが大事である．その第一歩は，最大限どの程度の規模のものがどのよ

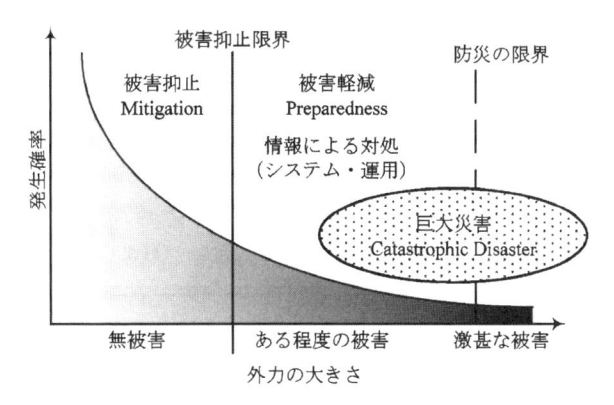

図 B-16-2 災害の発生確率と被害抑止，被害軽減の関係（京都大学防災研究所，2003；日下部，2011）

うな発生確率で起こるのかを知ることである．

東北地方太平洋沖地震を踏まえて内閣府（2011年ホームページ）は地震・津波対策に関する検討を行い，津波対策を構築するにあたってのこれからの想定津波と対策の考え方をまとめた．そこでは，今後の津波対策においては，基本的に二つのレベルの津波を想定する．一つは，住民避難を柱とした総合的防災対策を構築するうえで想定する津波である．超長期にわたる津波堆積物調査や地殻変動の観測等をもとにして設定され，発生頻度はきわめて低いが，発生すれば甚大な被害をもたらす最大クラスの津波を対象にし，今回の東北地方太平洋沖地震による津波はこれに相当する．住民らの生命を守ることを最優先として，行政機能，病院などの最低限必要十分な社会経済機能を維持する．このため，住民らの避難を軸に，土地利用，避難施設，防災施設などを組み合わせ，とりうる手段を尽くした総合的な津波対策を確立する．ここでは防災教育の徹底やハザードマップの整備など，避難を中心とするソフト対策を重視する．同時に，原子力発電所や市町村庁舎，警察・消防庁舎などの災害時の拠点となる施設が被災した場合，その影響がきわめて甚大であるた

め，重要施設における津波対策については，特に万全を期す．

　もう一つは，防波堤など構造物によって津波の内陸への浸入を防ぐ海岸保全施設等の建設を行ううえで想定する津波である．最大クラスの津波に比べて発生頻度は高く，津波高は低いものの大きな被害をもたらす津波である．

　従来，震度や津波高が推定できないようなものは想定の対象から外されたが，ここでは不確実性はあっても最大のものを想定する点で，大きな発想の転換が図られている．

　以上の考え方は，基本的には火山災害などにおいても必要である．当面は歴史時代の最大規模の噴火と仮定することになるが，十万年もさかのぼれば超巨大カルデラ噴火が多数発生している．このような噴火が発生すると，カルデラ近傍だけでなく，日本全体，ひいては世界全体に深刻な被害をもたらすことが想像される．当面は考えにくい（考えたくない）課題であるが，将来的には避けて通れない重要な課題であろう．

B-16-3　自然災害ハザードマップの必要性

　地震，津波，火山，洪水，土砂災害など，すでに多種のハザードマップがつくられている．ハザードマップが作成される目的は，住民があらかじめどのような危険があるかを知っておき，いざという時に危険を回避することが一つであるが，それにとどまらず，特に行政において適切な土地利用，都市計画に資することにあり，より安全な街作り，国土の建設に役立つものでなければならない．

　ハザードマップの作成と活用にあたっての留意点をあげておく．

（1）　想定される災害の種類や規模

　最大の被害が予測されても実態が十分に解明されていないためにハザードマップから除かれるような場合，かえって安全宣言になってしまう恐れがある．低頻度の大災害ほどそうした傾向があり注意が必要となる．発生すればきわめて破壊的な災害になる可能性の高い，山体崩壊と岩屑なだれは，発生頻度が小さいためほとんど取り

上げられていない．

火山災害の場合には火山ごとに起こりやすい噴火のシナリオ，さまざまな規模の噴火シナリオを示すことが大事である．

（2） 複合災害

巨大な自然災害ほどその被害は複合的に生ずる傾向がある．自然災害の規模が大きくなると，地震災害・津波災害，火山災害，土砂災害，気象災害などの個別の災害として扱えず，ある災害から他の災害に波及したり，ある災害が他の災害の誘因となって拡大するなど，複合災害としてとらえることが必要となる（陶野，1991）．

内陸直下地震によって山体崩壊や斜面崩壊が誘発され，岩屑なだれや土石流・泥流が下流を襲った 1984 年御嶽崩壊のような例や，地震や豪雨から河道閉塞（土砂ダム，天然ダム），土石流の発生などの例も少なくない．噴火後に発生した群発地震による山体崩壊から有明海一帯への巨大津波と進行し，約 1 万 5000 人の死者を出した 1792 年雲仙眉山崩壊の例などがある．

火山活動に着目すると，大地震が火山活動を励起し，時には噴火を誘発することがある．富士山最後の噴火である 1707 年の宝永噴火の 49 日前には，宝永地震（南海トラフ）が，また，その 4 年前の 1703 年には元禄関東地震も起こった．過去 2000 年間で最大の噴火である貞観噴火の発生は 864-866 年，東北地方に貞観の巨大津波を発生させた巨大地震は 869 年であった．また，878 年には相模トラフで，887 年には南海トラフで大地震が発生した．わずか 20～30 年の間に大災害が連続して発生した．いわゆる活動期であったといえる．この時期は日本全土で地震・火山活動が特に活発であり，津久井ほか（2006，2008）が詳しくまとめている．このように大地震と噴火する火山の回数がともに増減を繰り返すのは，以前から注目されていた（大森，1918 参照）．

また，離れた火山が同時に，あるいは連続的に噴火する事例も非常に多い．大規模なものとしては，約 3 万年前の姶良カルデラの大噴火時に，富士山でも大規模な噴火をしていた例がある．それは富

士山の降下スコリア層の間に姶良 Tn 火山灰層が挟在されるのが露頭で確認できるからである（図 B-1-2）．八丈島でも同様な事例が報告されている（津久井ほか，1991）．さらにさかのぼれば，約9万年前の阿蘇カルデラの大噴火（Aso-4）と屈斜路カルデラの大噴火（町田ほか，1985）が有名である．これら事例は火山活動と地殻応力が密接な成因関係にあることを示唆しているが，両火山が同時に噴火する具体的なメカニズムの検討が必要である．小山（2002）は，地震と噴火発生の関係を分類しその成因について議論しているが，早急に解明すべき重要な課題であろう．

B-16-4 地盤災害

1964 年の新潟地震において砂地盤の液状化現象が認識されて以来，液状化のメカニズムや液状化を生じやすい地盤条件，予測と対策などが提案されてきた（陶野・安田，1994；陶野，2009a；ほか）．これらによると，1871 年から 2008 年までの間に液状化現象を発生させた地震は 77 に及び（ほぼ2年に1回），2000 年以後増加していたが，東日本大震災による液状化災害は最大規模となった．地盤の液状化による災害としては，a．浮力の増大にともなう地中埋設物の浮上，b．地盤の支持力低下にともなう重量構造物の沈下（しばしば不同沈下を生ずる），c．地盤の沈下や側方流動（永久変位）による被害（堤防や道路の盛土，ライフラインなど多様），d．土圧の増大による構造物の被害，e．地盤の変形や応答性状の変化による杭基礎の破壊，f．多量の水（砂混じり）の噴出，噴砂孔の形成など液状化による直接的被害などがある（陶野，2009 a）．

地盤沈下は長期にわたり徐々に進行するが，大量の地下水が揚水された 1914 年からの 20 年ほどで東京都江東区の累積沈下量は 4.5 m にも達した．その後の地下水採取規制により沈下傾向は衰えたが，東京都のゼロメートル地帯が 124 km^2 にも及ぶ元を作った．地下水を汲み上げると帯水層（砂・礫層）の地下水位が低下し，その上下の粘性土層に含まれる水が砂・礫層に絞りだされ，粘性土層が

収縮する（圧密される）ため地盤沈下が進行する．粘性土には土粒子の 2〜3 倍の水が含まれるが，水が抜けてしまうと水は吸収されにくいため，一旦沈下すると地下水位が戻っても沈下自体は戻らない（地盤工学入門編集委，2000；陶野，2009 b）．

東京，大阪，濃尾平野のように，ゼロメートル地帯を含む地盤沈下地帯は，高潮，洪水，集中豪雨による内水氾濫，津波などの被害を増大させる．地球温暖化のもとでの海面上昇はその傾向を一層拡大させる．

B-16-5　安全・安心な国土をめざして

以上自然災害を中心に人間生活との関連について述べたが，地球温暖化など地球環境問題を含むさまざまな環境問題も，第四紀という時間の中で初めて理解される面をもち，第四紀の地形・地質条件と密接に関連しており，きわめてかかわりの深い問題である．

自然災害については，特に低頻度だがきわめて大規模な自然災害に対し，地質学の貢献が最も期待されるため強調して述べた．何よりも最大級の巨大地震や巨大噴火が発生した場合に，どのような規模の災害になるのか，その可能性，発生・波及のメカニズムや現象の特徴など，地質学的データに基づく検討は急務である．

さまざまな自然災害に備えるためには，地球の自然変動の実態，履歴や仕組みをよく知っておかなければならない．ハード，ソフト両面での総合的な対策が必要で，一人ひとりが工夫を凝らしていくことが大事である．時に自然災害を引き起こす地球の働きのもとで日本列島はつくられてきた．同時に自然のめぐみの要素も大きなものがある．自然にはこの両面があり，人類には自然の営みと上手に付き合っていく知恵が求められる．

そのため，日ごろから自然の営み，自然の変動の仕組み，さまざまな災害の歴史などをよく知っておくことが大事である．学校および社会の教育の重要性が問われる．とりわけ，学校教育における地学教育，理科教育の充実は長い目で見るときわめて重要である．

C 文献編

秋山瑛子・関本勝久・遠藤邦彦, 2012, 東京港 400 m コアの浮遊性・底生有孔虫群集と古環境変遷. 日本大学文理学部自然科学研究所研究紀要, 47, 155-163.

秋山雅彦, 2010, 地球温暖化問題を考える（その６）最近の論文と話題から. 地学教育と科学運動, 64, 41-50.

Ando, M., 1974, Seismo-tectonics of the 1923 Kanto earthquake. *J. Phys. Earth*, 22, 263-277.

安藤重幸, 1983, ボーリング結果からみた濁川カルデラの構造. 月間地球, **5**, 116-121.

安藤重幸・山岸宏光, 1975, 然別火山熱雲堆積物表面の流れ山. 火山, **20**, 31-36.

安間 荘, 2007, 富士山で発生するラハールとスラッシュ・ラハール.「富士火山」, 山梨県環境科学研究所・日本火山学会編, 285-301.

青木かおり・入野智久・大場忠道, 2008, 鹿島沖海底コア MD 01-2421 の後期更新世テフラ層序. 第四紀研究, **47**, 391-407.

青木謙一郎・吉田武義, 1984, 吾妻山と磐梯山. 火山, **29**, 349-350.

青木 滋・仲川隆夫, 1980, 新潟平野の地盤地質について. 新潟大学積雪地域災害研究センター研究年報, 2, 25-40.

荒牧重雄, 1968, 浅間火山の地質. 地団研専報, **14**, 45 p.

荒牧重雄, 1969, カルデラ学説に関するいくつかの問題. 火山, **14**, 55-76.

荒牧重雄, 1979, 噴火の様式, 溶岩および火山砕屑物と火砕岩. 岩波講座地球科学 7 火山（横山　泉・荒牧重雄・中村一明編）, 132-141, 142-155.

荒牧重雄, 1980, 浅間火山の火砕流災害. 月間地球, **2**, 421-429.

荒牧重雄・宇井忠英, 1989, 火山の産状. 日本の火成岩（久城郁夫ほか編著）, 206 p, 岩波書店.

荒牧重雄・早川由紀夫・鎌田桂子・松島栄治, 1986, 浅間火山鎌原火砕流/岩屑流堆積物の発掘調査. 文部省科学研究費自然災害特別研究（代表者　荒牧重雄）報告書, 247-288.

浅賀正義・金綱久夫・伊妻勝彦, 1991, 房総半島黒滝層（鮮新統）産シロウリガイ類の殻形態の特徴. 横須賀市博物館研究報告, 自然科学, 39, 51-59.

Bacon, C. D., 1983, Eruptive history of Mount Mazama and Crater Lake caldera, Cascade Range, U. S. A. In *Arc volcanism* (Aramaki, S. and Kushiro, I. eds.), *J. Volcanol. Geotherm. Res.*, **18**, 57-115.

Bailey, R. A. and Carr, R. G., 1994, Physical geology and eruptive history of the Matahina ignimbrite, Taupo Volcanic Zone, North Island, New Zealand. *New Zeal. J. Geol. Geophys.*, **37**, 319-344.

Banks, N. G. and Hoblitt, R. P., 1981, Summary of temperature studies of 1980 deposits. The 1980 eruptions of Mount St. Helens, Washington. *U. S. Geol. Surv. Prof. Pap.*, 1250, 295-313.

Bard, E., Hamelin, B. and Delanghe-Sabatier, D., 2010, Deglacial Meltwater Pulse 1B and Younger Dryas Sea Levels Revisited with Boreholes at Tahiti. *Science*, **327**, 1235-1237.

Bartoli, G., Sarnthein, M., Weinelt, M., Erlenkeuser, H., Garbe-Schoberg, D. and Lea, D. W., 2005, Final closure of Panama and the onset of northern hemisphere glaciation. *Earth and Planetary Sci. Ltr*, 237, Issues 1-2, 33-44.

Belousov, A., Voight, B., and Belousova, M., 2007, Directed blasts and blast-generated pyroclastic density currents : a comparison of the Bezyminanny 1956, Mount St Helens 1980, and Soufriere Hills, Montserrat 1997 eruptions and deposits. *Bull. Volcanol.*, **69**, 701-740.

Bond, G., Broecker, W., Johnsen, S., McManus, J., Labeyrie, L., Jouzel, J. and Bonani, G., 1993, Correlations between climate records from North Atlantic sediments and Greenland ice. *Nature*, **365**, 143-147.

Bond, G., Showers, W., Cheseby, M., Lotti, R., Almasi, P., deMenocal, P., Priore, P., Cullen, H., Hajdas, I. and Bonani, G., 1997, A pervasive millennial-scale cycle in north Atlantic Holocene and glacial climates. *Science*, **278**, 1257-1266.

Bond, G., Kromer, B., Beer, J., Muscheler, R., Evans, M. N., Showers, W., Hoffmann, S., Lotti-Bond, R., Hajdas, I. and Bonani, G., 2001, During the Holocene Persistent Solar Influence on North Atlantic Climate. *Science*, **294**, 2130-2136.

Branney, M. J. and Kokelaar, P., 2002, Pyroclastic density currents and the sedimentation of ignimbrites. *Geol. Soc. Memoir*, **27**, 143p.

Broecker, W. S. and Denton, G. H., 1989, The role of ocean-atmosphere reorganizations in glacial cycles. *Geochimica et Cosmochimica Acta*, **53**, 2465-2501.

Broecker, W. S. and Denton, G. H., 1990, What drives glacial cycles? *Scientific. American.*, January, 49-56.

Broecker, W. S., Kennett, J. P., Flower, B. P., Teller, J. T., Trumbore, S., Bonani, G. and Wolfli, W., 1989, Routing of meltwater from the Laurentide Ice Sheet during the Younger Dryas cold episode. *Nature*, **341**, 318-321.

Bullard, F. M., 1976, Volcanoes of the earth. Revised Edition. St. Lucia, Univ. Queensland Press, 579p.

Cas, R. A. F. and Wright, J. V., 1987, Volcanic successions, modern and ancient. Allen & Unwin, London, 528p.

鎮西清高, 1982, カキの古生態学 (1). 化石, 31, 27-34.

千代延 俊・森本隼平・鳥井真之・尾田太良, 2012, 宮崎層群上部の石灰質微化石に基づく, 鮮新世/更新世境界付近の海洋環境変遷. 地質学雑誌, **118**, 109-116.

Chretien, S. and Brousse, R., 1989, Events preceeding the great eruption of 8 May, 1902 at Mount Pepee, Martinique. *J. Volcanol. Geotherm. Res.*, **38**, 67-75.

中央防災会議, 2011, 東北地方太平洋沖地震を教訓とした地震・津波対策に関する専門調査会報告, 参考図表集. 内閣府防災情報のページ〈http://www.bousai.go.jp/jishin/chubou/higashinihon/sankou.pdf〉, 2012.5.19.

Clough, B. J., Wright, J. V., and Walker, G. P. L., 1981, An unusual bed of giant pumice in Mexico. *Nature*, **289**, 9-50.

Cole, J. W., 1965, Tarawera volcanic complex. In *New Zealand Volcanology, Central volcanic region, Dept. Sci. Industrial Res. Information Series*, **50**, 111-120.

Cronin, T. M., 2009, Paleoclimates? Understanding climate change past and present. Columbia Univ. Press, New York, 441p.

第四紀地殻変動研究グループ, 1968, 第四紀地殻変動図. 第四紀研究, **7**, 182-187.

Dansgaard, W., Johnsen, S. J., Clausen, H. B., Dahl-Jensen, D., Gundestrup, N. S., Hammaer, C. U., Hvidberg, C. S., Steffensen, J. P., Sveinbjörnsdottir, A. E., Jouzel, J. and Bond, G., 1993, Evidence for general instability of past climate from a 250-kyr ice-core record. *Nature*, **364**, 218-220.

Davies, S. M., Branch, N. P., Lowe, J. J. and Turney, C. S. M., 2002, Towards a European tephrochronological framework for Termination 1 and the Early Holocene. *Phil. Trans.*, A360, 767-802.

Decker, R. W. and Christiansen, R. L., 1984, Explosive eruptions of Kilauea volcano, Hawaii. In *Explosive volcanism : inception, evolution, and hazards*, 122-132. National Academy Press, Washington, D. C.

土井宣夫, 2000, 岩手火山の地質―火山灰が語る噴火史―. 滝沢村文化財調査報告書 (岩手県滝沢村教育委員会編), **32**, 234p.

Druitt, T. H., 1998, Pyroclastic density currents. In *The Physics of Explosive Volcanic Eruptions* (Gilbert, J. S. and Sparks, R. S. J. eds.), *Geol. Soc., London, Spec. Publ.*, **145**, 145-182.

Druitt, T. H., and Sparks, R. S. J., 1982, A proximal ignimbrite breccia facies on Santorini, Greece. *J. Volcanol. Geotherm. Res.*, **13**, 147-171.

Dury, G. H., 1970, Rivers and river terraces. Geog. readings, 283p, Macmillan.

Endo, K., 1986, Coastal Sand Dunes in Japan. *Proc. Inst. Nat. Sci.*, 21, 37-54.

遠藤邦彦，2009，沖積層序と形成過程 ―関東平野を例として―．デジタルブック最新第四紀学（日本第四紀学会 50 周年電子出版編集委員会編），CD-ROM および概説集（30 p.）．

遠藤邦彦・小杉正人，1990，海水準変動と古環境．広島大学総合地誌研究所研究叢書，20「モンスーンアジアの環境変遷」，93-103．

遠藤邦彦・上杉　陽，1972，大磯・横浜地域の古期テフラについて．第四紀研究，**11**，15-28．

遠藤邦彦・関本勝久・高野　司・鈴木正章・平井幸弘，1983，関東平野の沖積層　最終氷期以降の関東平野．アーバンクボタ，21，26-43．

Endo, K., Sumita, M., Machida, M. and Furuichi, M., 1986, The 1984 collapse and debris Avalanche deposits of Ontake Volcano, Central Japan. Volcanic Hazards (J. H. Latter (ed.)), *IAVCEI Proceedings in Volcanology*, **1**, 27-49.

遠藤邦彦・小杉正人・菱田　量，1988，関東平野の沖積層とその基底地形．日本大学文理学部自然科学研究所研究紀要，23，37-48．

遠藤邦彦・印牧もとこ・中井信之・森　育子・藤沢みどり・是枝若奈・小杉正人，1992，中川低地と三郷の地質．三郷市史第八巻　別編自然編，35-111．

EPICA community members, 2004, Eight glacial cycles from an Antarctic ice core. *Nature*, 429, 623-628.

Fairbanks, R. G., 1989, A 17,000-year glacio-eustatic sea level record : influence of glacial melting rates on the Younger Dryas event and deep-ocean circulation. *Nature*, 342, 637-642.

Fairbanks, R. G., Evans, M. N., Rubenstone, J. L., Mortlock, R. A., Broad, K., Moore, M. D. and Charles, C. D., 1997, Evaluating climate indices and their geochemical proxies measured in corals. *Coral reefs*, 16, S93-S100.

Firestone, R. B., West, A., Kennett, J. P., Becker, L., Bunch, T. E., Revayg, Z. S., Schultz, P. H., Belgya, T., Kennett, D. J., Erlandson, J. M., Dickenson, O. J., Goodyear, A. C., Harris, R. S., Howard, G. A., Kloosterman, J. B., Lechler, P., Mayewski, P. A., Montgomery, J., Poreda, R., Darrah, T., Que Hee, S. S., Smith, A. R., Stich, A., Topping, W., Wittke, J. H. and Wolbach, W. S., 2007, Evidence for an extraterrestrial impact 12,900 years ago that contributed to the megafaunal extinctions and the Younger Dryas cooling. *Proc. Nat. A. Sci.*, 104, 16016-16021.

Fisher, R. V. and Heiken, G., 1982, Mt. Pelee, Martinique : May 8 and 20, 1902 pyroclastic flows and surges. *J. Volcanolo. Geotherm. Res.*, **13**, 339-371.

Fisher, R. V., Smith, A. L., and Roobol, M. J., 1980, Destraction of St. Pierre, Martinique by ash cloud surges, May 8 and 20, 1902. *Geology*, **8**, 472-476.

藤野直樹・小林哲夫，1992，開聞岳起源のコラ層の噴火・堆積様式．鹿児島大学理学部紀要（地学・生物学），25，69-83．

藤野直樹・小林哲夫，1997，開聞岳火山の噴火史．火山，**42**，195-211．

藤沢康弘・上野宏共・小林哲夫，2001，火砕堆積物の堆積温度から推定される由布火山の2.2 ka噴火．火山，**46**，187-203．

藤原　治，2001，第四紀構造盆地の沈降量図．日本の海性段丘アトラス（小池一之・町田　洋編），105 p，東大出版会．

藤原　治，2004，津波堆積物の堆積学的・古生物学的特徴．地質学論集，58，35-44．

藤原　治・増田富士雄・酒井哲弥・布施圭介・齋藤　晃，1997，房総半島南部の完新世津波堆積物と南関東の地震隆起との関係．第四紀研究，**36**，73-86．

藤原　治・増田富士雄・酒井哲弥・入月俊明・布施圭介，1999，過去10,000年間の相模トラフ周辺での古地震を記録した内湾堆積物．第四紀研究，**38**，489-501．

福島大輔・小林哲夫，2000，大隅降下軽石に伴う垂水火砕流の発生・堆積様式．火山，**45**，225-240．

福山博之，1978，桜島火山の地質．地質学雑誌，**84**，309-316．

福山博之・小野晃司，1981，桜島火山の地質図　1：25,000．地質調査所．

下司信夫・小林哲夫，2006，鹿児島県口永良部島火山最近約3万年間の噴火活動．火山，**51**，1-20．

Gibbard, P. L., Head, M. J., Walker, M. J. C. and the Subcommission on Quaternary Stratigraphy, 2010, Formal ratification of the Quaternary System/Period and the Pleistocene Series/Epoch with a base at 2.58 Ma, *Jour. Quatern. Sci.*, **25**, 96-102.

Gorshkov, G. S., 1959, Gigantic eruption of the volcano Bezymianny. *Bull. Volcanol.*, **20**, 77-109.

Gorshkov, G. S., 1963, Directed volcanic blasts. *Bull Volcanol.*, **26**, 83-88.

Gorshkov, G. S. and Dubik, Y. M., 1970, Gigantic directed blast at Shiveluch volcano (Kamchatka). *Bull. Volcanol.*, **34**, 261-288.

浜口博之，2010，磐梯火山の水蒸気爆発に関する温故知新．震災予防，230，25-35．

長谷義隆・平城兼寿・中原功一朗・岩内明子・松島義章・奥野　充・中村俊夫，2006，堆積物，花粉・珪藻化石解析および^{14}C年代測定に基づく熊本平野および有明海南東海域の後期更新世～完新世環境変遷．地質学論集，59，141-155．

羽鳥徳太郎，2006，東京湾・浦賀水道沿岸の元禄関東（1703），安政東海（1854）津波とその他の津波の遡上状況．歴史地震，21，37-45．

Heinrich, H., 1988, Origin and consequences of cyclic ice rafting in the northeast Atlantic Ocean during the past 130,000 years. *Quat. Res.*, **29**, 142-152.

東日本大震災対応作業部会,2011.6.6,東日本大震災対応作業部会報告.日本地質学会,〈http://www.geosociety.jp/hazard/content0059.html〉,2012.5.19.
Hoblitt, R. P. and Miller, C. D., 1984, Comment on "Mount St. Helens 1980 and Mount Pelee 1902-flow or surge?" *Geology*, **12**, 692-693.
Hoblitt, R. P., Miller, C. D., and Vallance, J. W., 1981, Origin and stratigraphy of the deposit produced by the May 18 directed blast. In *The 1980 eruptions of Mount St. Helens, Washington* (Lipman, P. W. and Mullineaux, D. R. eds.), *U. S. Geol. Surv. Prof. Pap.*, 1250, 401-419.
Hoblitt, R. P., Wolfe, E. W., Scott, W. E., Couchman, M. R., Pallister, J. S., and Javier, D., 1996, The preclimactic eruptions of Mount Pinatubo, June 1991. In *FIRE and MUD-Eruptions and lahars of Mount Pinatubo, Philippines* (Newhall, C. G. and Punongbayan, R. S. eds.), 457-511.
堀 和明・斎藤文紀,2003,大河川デルタの地形と堆積物.地学雑誌,**112**,337-359.
堀 和明・斎藤文紀,2009,世界と日本のデルタ.デジタルブック最新第四紀学(日本第四紀学会50周年電子出版編集委員会編),CD-ROMおよび概説集,30 p.
Holzhauser, H., 1997, Fluctuations of the Grosser Aletsch Glacier and the Gorner Glacier during the last 3200 years: New results. In *Glacier fluctuations during the Holocene* (Frenzel, B. ed.), 35-58. *Paläoklimaforschung/Palaeoclimate Res.* 24.
市原 実,1993,大阪層群.340 p,創元社.
五十嵐厚夫,1994,浮遊性有孔虫群集の主成分分析による上総層群堆積時の古海洋環境の復元.地質学雑誌,**100**,348-359.
五十嵐八枝子,2009,北西太平洋・鹿島沖コアMD 01-2421のMIS 6以降の花粉記録:陸域資料との対比.地質学雑誌,**115**,357-366.
池田安隆・島崎邦彦・山崎晴雄,1996,活断層とは何か.220 p,東大出版会.
池原 研,1999,深海底タービダイトからみた南海トラフ沿いの巨大地震の発生間隔.月刊地球,号外24, 70-75.
井村隆介,1998,史料からみた桜島火山安永噴火の推移.火山,**43**, 373-383.
井上 淳,2008,火災史を考える上でのmacro-charcoal研究の重要性と分析方法―日本の火災史研究におけるその役割.植生史研究,15(2),77-84.
井上公夫,1995,浅間山天明噴火時の鎌原火砕流から泥流に変化した土砂移動の実態.こうえいフォーラム,4,25-46.
IPCC, 2007, Summary for Policymakers. In *Climate Change 2007*: *Impacts, Adaptation Adaptation and Vulnerability. Contribution of Working Group II to the Fourth Assessment Report of the Intergovernmental Panel on Climate Change* (Parry, M. L., Canziani, O. F., Palutikof, J. P., van der Linden, P. J. and Hanson, C. E. eds.), 7-22. Cambridge Univ. P.,

Cambridge, UK.

井関弘太郎, 1983, 沖積平野. 145 p, 東大出版会.

磯 望, 1989, 表層物質の移動と土砂災害. 変動する地球とその環境(力武常次編), 127-148, 地球社.

伊藤 慎, 1995, シーケンス層序学的地層観. 地質学論集, 45, 15-29.

Jansen, E., Fronval, T., Rack, F. and Channell, J. E. T., 2000, Pliocene-Pleistocene ice rafting history and cyclicity in the Noedic Seas during the last 3.5 myr. *Paleoceanography*, 15, 709-721.

地盤工学入門編集委員会, 2000, 地盤工学入門. 入門シリーズ 1, 248p, 社団法人地盤工学会.

鹿児島県, 1927, 桜島大正噴火誌. 鹿児島県編纂, 鹿児島印刷株式会社, 466p.

貝塚爽平, 1969, 変化する地形—地殻変動と海面変化と気候変動のなかで. 科学, **39**, 11-19.

Kaizuka, S., Naruse, Y. and Matsuda, I., 1977, Recent formations and their basal topography in and around Tokyo Bay, Central Japan. *Quat. Res.*, 8, 32-50.

貝塚爽平・加藤 茂・長岡信治・宮内崇裕, 1985, 硫黄島と周辺海底の地形. 地学雑誌, **94**, 424-436.

Kamata, H. and Kobayashi, T., 1997, The eruptive rate and history of Kuju volcano in Japan during the past 15,000 years. *J. Volcanol. Geotherm. Res.*, **76**, 163-171.

鎌田浩毅・三村弘二, 1981, インブリケイションから推定される九重火山飯田火砕流の流動方向. 火山, **26**, 281-292

Kameo, K. and Sato, T., 2000, Biogeography of Neogene calcareous nannofossils in the Caribbean and the eastern equatorial Pacific-floral response to the emergence of the Isthmus of Panama. *Mar. Micropaleon.*, 39, 201-218.

亀尾浩司・斎藤敬二・小竹信宏・岡田 誠, 2003, 房総半島南端、千倉層群下部の石灰質ナンノ化石に基づく本邦中部太平洋側の後期鮮新世表層海洋環境. 地質学雑誌, **109**, 478-488.

加茂幸介・江頭庸夫・石原和弘・河原田礼次郎, 1977, 桜島における降下火山灰の堆積について. 文部省科学研究費自然災害特別研究調査研究報告, 77-86.

鴨井幸彦・安井 賢・小林巖雄, 2002, 越後平野中央部における沖積層層序の再検討. 地球科学, 56, 123-138.

鴨井幸彦・田中里志・安井 賢, 2006, 越後平野における砂丘列の形成年代と発達史. 第四紀研究, **45**, 67-80.

鹿野和彦, 2005, 火山を発生源とする重力流の流動・定置機構. 火山, **50**, S 253-S 272.

加藤芳朗, 1988, 土壌研究の問題点. 第四紀研究, **26**, 265-270.

加藤祐三, 1987, 海底噴火で生じた材木状軽石. 地質学雑誌, **93**, 11-20.

活断層研究会編, 1991, 新編 日本の活断層. 441 p, 東京大学出版会.
勝井義雄・荒牧重雄・宇井忠英・河内晋平・渡辺秀文, 1986, 1985年11月のネバド・デル・ルイス火山の噴火と泥流災害. 火山, **31**, 81-83.
河内晋平, 1994, 松原湖(群)をつくった888年の八ヶ岳大崩壊―八ヶ岳の地質見学案内・2-1―. 信州大学教育学部紀要, 83, 171-183.
Keating, G. N. and Valentine, G. A., 1998, Proximal stratigraphy and syn-eruptive faulting in rhyolitic Grants Ridge Tuff, New Mexico, USA. *J. Volcanol. Geotherm. Res.*, 81, 37-49.
Keller, G., Zenker, C. E. and Stone, S. M., 1989, Late Neogene history of the Pacific-Caribbean gateway. *J. South Amer. Earth Sci.*, 2, 73-108.
吉川清司・水野清秀・杉山雄一, 1991, 関東～九州における前～中期更新世テフラの広域対比. 月刊地球, **13**, 228-234.
木村克己・石原与四郎・宮地良典・中島 礼・中西利典・中山俊雄・八戸昭一, 2006, 東京低地から中川低地に分布する沖積層のシーケンス層序と層序の再検討. 地質学論集, 59, 1-18.
北村晃寿・近藤康生, 1990, 前期更新世の氷河性海水準変動による堆積サイクルと貝化石群集の周期的変化・一模式地の大桑層中部の例―. 地質学雑誌, **96**, 19-36.
気象庁, 2005, 日本活火山総覧(第3版). 635p.
小疇 尚研究室編, 2005, 山に学ぶ, 歩いて観て考える山の自然. 140 p, 古今書院.
小疇 尚・岩田修二, 2001, 氷河地形・周氷河地形. 日本の地形 I総説(米倉伸之・野上道男・貝塚爽平・鎮西清高編), 149-163, 東京大学出版会.
小林哲夫, 1984, 1983年10月三宅島噴火の溶岩とスコリア丘の地形. 火山, **29**(三宅島噴火特集号), S 221-S 229.
小林哲夫, 1986a, 桜島火山の形成史と火砕流. 文部省科学研究費自然災害特別研究(代表者 荒牧重雄)報告書, 137-163.
小林哲夫, 1986b, 桜島火山の断続噴火によって形成された火山灰層. 鹿児島大学南科研資料センター報告特別号, 1, 1-12.
小林哲夫, 1987, 利尻火山の地質. 地質学雑誌, **93**, 749-760.
小林哲夫, 2007, タウポ噴火, ハテペ・ロトナイオ火山灰に発達する侵食構造の成因―水噴火か地震か?―. 日本火山学会講演要旨集, 2007年度 秋季大会, 4.
小林哲夫, 2008, カルデラの研究からイメージされる新しい火山像―マグマの発生から噴火現象までを制御するマントル―地殻の応力場―. 月刊地球, 号外 60, 65-76.
小林哲夫, 2009, 桜島火山, 安永噴火(1779-1782年)で生じた新島(安永諸島)の成因. 火山, **54**, 1-13.
小林哲夫・奥野 充, 2003, 南九州および南西諸島における火山の噴火史. 南太平洋海域調査研究報告, **37**, 2-11.
Kobayashi, T., Hayakawa, Y., and Aramaki, S., 1983, Thickness and grain-

size distribution of the Osumi pumice fall deposit from the Aira caldera. *Bull. Volcanol. Soc. Japan*, **28**, 124-139.

Kobayashi, T., Ishihara, K., Suzuki-Kamata, K., and Fukushima, D., 2003, Sakurajima volcano and pyroclastic deposits in southern Kyushu (A4). IUGG field trip guidebook, 105-131.

小林哲夫・Kartadinata, M. N.・井口正人, 2004, インドネシア, パパンダヤン火山の2002年噴火. 火山, **49**, 41-43.

Kobayashi, T., Nairn, I., Smith, V., and Shane, P., 2005, Proximal sratigraphy and event sequence of the 5.5 ka Whakatane rhyolite eruption episode from Harohara volcano, Okataina Volcanic Centre, New Zealand. *New Zeal. J. Geol. Geophys.*, **48**, 471-506.

小林哲夫・奥野 充・成尾英仁, 2006, 鬼界カルデラ7.3 cal kyr BP噴火―カルデラ噴火における玄武岩質マグマと地殻応力の役割―. 月刊地球, **28**, 75-80.

小池一之・町田 洋編, 2001, 日本の海成段丘アトラス. 122 p, 東京大学出版会.

小泉 格・坂本竜彦, 2010, 日本近海の海水温変動と北半球気候変動との共時性. 地学雑誌, **119**, 489-509.

小森次郎, 2010, 富士山南東斜面の雪代イベントの特徴と発生予測. 富士学研究, **7**, 22-31.

紺谷和生・谷口宏充, 2006, 磐梯山1888年噴火における山体崩壊とサージの発生. 月間地球, **28**, 341-346.

小竹信宏・小山真人・亀尾浩司, 1995, 房総半島南端地域に分布する千倉・豊房層群（鮮新―更新統）の古地磁気および微化石層序. 地質学雑誌, **101**, 515-531.

小屋口剛博, 2005, 有珠山の噴火ダイナミクス. 日本火山学会第12回公開講座資料集, 9-12.

小山真人, 2002, 火山で生じる異常現象と近隣地域で起こる大地震の関連性―その事例とメカニズムに関するレビュー―. 地学雑誌, **111**, 222-232.

京都大学防災研究所編, 2003, 防災計画論, 179 p, 山海堂.

熊井久雄, 2009, 更新統. デジタルブック最新第四紀学（日本第四紀学会50周年電子出版編集委員会編）, CD-ROMおよび概説集（30 p.）.

公文富士夫, 2003, 古気候指標としての湖沼堆積物中の全有機炭素・全窒素含有率の有効性. 第四紀研究, **42**, 195-204.

公文富士夫・田原敬治, 2009, 中部山岳地域の湖沼堆積物の有機炭素含有率を指標とした過去16万年間の気候変動復元. 地質学雑誌, **115**, 344-356.

公文富士夫・山本正伸・長橋良隆・青池 寛, 2009, 最終間氷期の環境変動―日本列島陸域と周辺海域の比較と統合―. 地質学雑誌, **115**, 301-310.

黒川勝己・長橋良隆・吉川周作・里口保文, 2008, 大阪層群の朝代テフラ層と新潟地域のTzwテフラ層の対比. 第四紀研究, **47**, 93-99.

日下部 治, 2011, 地盤工学におけるリスクマネジメント. 地盤工学会誌,

59, 77-78.

Labeyrie, L., Cole, J., Alverson, K. and Stocker, T., 2002, The history of climate dynamics in the late Quaternary. In *Paleoclimate, Global Change and the Future* (Alverson, K., Bradley, R. S. and Pedersen, T. F. eds.), 31-61, Springer.

Lacroix, A., 1904, La Montagne Pelée et ses éruptions. Masson et Cie., Paris, 662p.

Lambeck, K., Yokoyama, Y. and Purcell, T., 2002, Into and out of the Last Glacial Maximum : sea-level change during Oxygen Isotope Stages 3 and 2. *Quart. Sci. Rev.*, 21, 343-360.

Lipman, P.W., 1995, Declining growth of Mauna Loa during the last 100,000 years : rates of lava accumulation vs. gravitational subsidence. In *Mauna Loa Revealed* : *Structure, Composition, History, and Hazards* (Rhodes J. M. and Lockwood, P. J. eds.), *Am. Geophys. Union Monogr.*, 92, 45-80.

Lisiecki, L. E. and Raymo, M. E., 2005, A Pliocene-Pleistocene stack of 57 globally distributed benthic $\delta^{18}O$ records. *Paleoceanography*, **20**, 1-17.

Macdonald, G. A., 1972, Volcanoes. Prentice-Hall, Englewood Cliffs. N. J. 510p.

町田　洋，1980，南関東と近畿の中部更新統の対比編年―テフラによる一つの試み．第四紀研究，**19**，233-261．

町田　洋，2001，海成段丘・海成層の研究．日本の海成段丘アトラス（小池一之・町田　洋編）．1-2，東京大学出版会．

町田　洋，2009，日本列島の成立と地形発達．デジタルブック最新第四紀学（日本第四紀学会50周年電子出版編集委員会編），CD-ROM および概説集（30p.）．

町田　洋・新井房夫，1976，広域に分布する火山灰―姶良 Tn 火山灰の発見とその意義．科学，**46**，339-347．

町田　洋・新井房夫，1992；2003，新編　火山灰アトラス［日本列島とその周辺］．336 p，東京大学出版会．

町田　洋・新井房夫・百瀬　貢，1985，阿蘇4火山灰―分布の広域性と後期更新世示標層としての意義―，火山，**30**，49-70．

町田　洋・新井房夫・村田明美・袴田和夫，1974，南関東における第四紀中期のテフラの対比とそれに基づく編年．地学雑誌，**83**，22-58．

町田　洋・松田時彦・海津正倫・小泉武栄編，2006，中部．日本の地形5，377p，東京大学出版会．

牧野内　猛・森　忍・檀原　徹・竹村恵二，2006，濃尾平野における第一礫層（BG）の層位と形成過程．地質学論集，59，129-140．

Martinson, D. G., Pisias, N. G., Hays, J, D., Imbrie, J., Moore Jr., T. C. and Shackleton, N. J., 1987, Age dating and the orbital theory of the ice ages : Development of a high-resolution 0 to 300,000-year chronostratigraphy. *Quat. Res.*, **27**, 1-29.

松本秀明，1981，仙台平野の沖積層と後氷期における海岸線の変化．地理学評論，**52**，72-85．

松本秀明，1994，仙台平野の成り立ち．仙台市史特別編Ⅰ（自然仙台市史編纂委員会編），264-277，仙台市．

松本唯一，1936，硫黄島沖の海底噴火に就いて．日本学術協会報告，**11**，468-470．

松島義章，2010，完新世における温暖種が示す対馬海流の脈動．第四紀研究，**49**，1-10．

松下勝秀，1979，石狩海岸平野における埋没地形と上部更新～完新統について．第四紀研究，**18**，69-78．

McPhie, J., Walker, G. P. L., and Christiansen, R. L., 1990, Phreatomagmatic and phreatic fall and surge deposits from explosions at Kilauea volcano, Hawaii, 1790 A. D.：Keanakakoi Ash Member. *Bull. Volcanol.*, **52**, 334-354.

三松正夫，1995，昭和新山生成日記―復刻増補版―．須田製版，札幌，225 p．

三村弘二・小林国夫，1975，黒富士火砕流中の炭化木と煙の化石．火山，**20**，79-86．

三村弘二・河内晋平・藤本丑雄・種市瑞穂・日向忠彦・市川重徳・小泉光昭，1982，自然残留磁気からみた韮崎岩屑流と流れ山．地質学雑誌，**88**，653-663．

三梨 昂・菊地隆男・鈴木尉元・平山次郎・中島輝允・岡 重文・小玉喜三郎・堀口万吉・桂島 茂・宮下美智夫・矢崎清貫・影山邦夫・那須紀幸・加賀美芙雄・本座栄一・木村政昭・楡井 久・樋口茂生・原 雄・古野邦雄・遠藤 毅・川島真一・青木 滋，1979，東京湾とその周辺地域の地質．特殊地域図20，10万分の1地質説明書，91 p，地質調査所．

三浦英樹・佐瀬 隆・細野 衛・苅谷愛彦，2009，第四紀土壌と環境変動：特徴的土層の生成と形成史．デジタルブック最新第四紀学（日本第四紀学会50周年電子出版編集委員会編），CD-ROMおよび概説集（30 p．）．

Miyoshi, N., Fujiki, T. and Morita, Y., 1999, Palynology of a 250-m core from Lake Biwa：a 430,000-year record of glacial-Interglacial vegetation change in Japan. *Rev. Palaeobotany and Palynology*, 104, 267-283.

Moore, J. G., 1967, Base surge in recent volcanic eruptions. *Bull. Volcanol.*, **30**, 337-363.

Moore, J. G., Nakamura, K., and Alcaraz, A., 1966, The 1965 eruption of Taal Volcano. *Science*, **151**, 955-960

Morgan, L. A. and Kobayashi, T., 1986, Tree molds in densely welded ignimbrites. *International Volcanological Congress - New Zealand, Abstract*, 64.

森田利仁・高橋直樹・加藤久佳・大木淳一・伊左治鎭司・小田島高之，2001，房総半島小櫃川水系笹川支流域の上総層群黒滝層（鮮新統）から化石化学

合成依存群集の産出．千葉中央博自然誌研究報告特別号，4，49-58．

守屋以智雄，1970，赤城火山の形成史．火山，**15**，120-131．

守屋以智雄，1975，火山麓扇状地と成層凝灰亜角礫層．北海道駒沢大学研究紀要，9 & 10，107-126．

守屋以智雄，1983，日本の火山地形．東京大学出版会，135p．

守屋以智雄，1986，日本の火砕丘の地形計測．金沢大学文学部地理学報告，3，58-76．

村山雅史・松本英二・中村俊夫・岡村　真・安田尚登・平　朝彦，1993，四国沖ピストンコア試料を用いた AT 火山灰噴出年代の再検討―タンデトロン加速器質量分析計による浮遊性有孔虫の^{14}C 年代―．地質学雑誌，99，787-798．

長橋良隆，1995，岐阜県高山盆地の鮮新世～中期更新世火山砕屑物―層序および記載岩石学的特徴―．地球科学，49，109-124．

Nagahashi, Y. and Satoguchi, Y., 2007, Stratigraphy of the Pliocene to Lower Pleistocene marine formations in Japan on the basis of tephra beds correlation. *Quat. Res.*, **46**, 205-213.

長橋良隆・佐藤孝子・竹下欣宏・田原敬治・公文富士夫，2007，長野県，高野層ボーリングコア（TKN-2004）に挟在する広域テフラ層の層序と編年．第四紀研究，**46**，305-325．

Nairn, I. A., 2002, Geology of the Okataina Volcanic Centre. Institute of Geological & Nuclear Sciences Geological Map 25, 156p.

Nairn, I. A., Kobayashi, T., and Nakagawa, M., 1998, The 〜10ka multiple vent pyroclastic eruption sequence at Tongariro volcanic centre, Taupo Volcanic Zone, New Zealand : Part 1. Eruptive process during regional extension. *J. Volcanol. Geotherm. Res.*, **86**, 19-44.

Nakada, S. and Fujii, T., 1993, Preliminary report on the activity at Unzen volcano (Japan), November 1990-November 1991 : Dacite lava domes and pyroclastic flows. *J. Volcanol. Geotherm. Res.*, **54**, 319-333.

中田節也・長井雅史・安田　敦・嶋野岳人・下司信夫・大野希一・秋政貴子・金子孝之・藤井敏嗣，2001，三宅島 2000 年噴火の経緯―山頂陥没口と噴出物の特徴―．地学雑誌，**110**，168-180．

中川　毅，2008，Polygon 1.5 ユーザーマニュアル（モダンアナログ法を用いて過去の気候を定量的に復元するために開発されたユーザーフレンドリーなソフトウェア）．第四紀研究，**47**，335-374．

Nakagawa, T., Tarasov, P. E., Nishida, K., Gotanda, K. and Yasuda, Y., 2002, Quantitative pollen-based climate reconstruction in central Japan : application to surface and Late Quaternary spectra. *Quat. Sci. Rev.*, **21**, 2099-2113.

Nakagawa, T., Kitagawa, H., Yasuda, Y., Tarasov, P. E., Nishida, K., Gotanda, K., Sawai, Y. and Yangtze River Civilization Program Members, 2003, Asynchronous Climate Changes in the North Atlantic and Japan During the Last Termination. *Science*, **299**, 688-691.

Nakagawa, T., Tarasov, P. E., Kitagawa, H., Yasuda, Y. and Gotanda, K., 2006, Seasonally specific responses of the East Asian monsoon to deglacial climate changes. *Geol.*, **34**, 521-524.

中川　毅・奥田昌明・米延仁志・三好教夫・竹村恵二，2009，琵琶湖の堆積物を用いたモンスーン変動の復元：ミランコビッチ=クズバッハ仮説の矛盾と克服．第四紀研究，**48**，207-225．

Nakagawa, T., Gotanda, K., Haraguchi, T., Danhara, T., Yonenobu, H., Brauer, A., Yokoyama, Y., Tada, R., Takemura, K., Staff, R. A., Payne, R., Ramsey, C. B., Bryant, C., Brock, F., Schlolaut, G., Marshall, M., Tarasovm, P., Lamb, H. and Suigetsu 2006 Project Members, 2011, SG06, a fully continuous and varved sediment core from Lake Suigetsu, Japan：stratigraphy and potential for improving the radiocarbon calibration model and understanding of late Quaternary climate changes. *Quat. Sci. Rev.*, **36**, 164-176.

Nakamura, K., 1964, Volcanostratigraphic study of Oshima volcano, Izu. *Bull. Earthq. Res. Inst.*, **42**, 649-728.

中村一明，1975，火山の構造および噴火と地震の関係．火山，**20**，229-240．

Nakamura, K., 1977, Volcanoes as possible indicators of tectonic stress orientation-principle and proposal. *J. Volcanol. Geotherm. Res.*, **2**, 1-16.

中村一明，1979，火山の構造，火山体．岩波講座地球科学7火山（横山　泉・荒牧重雄・中村一明編），172-183．

中田　高・木庭元晴・今泉俊文・曹　華龍・松本秀明・菅沼　健，1980，房総半島南部の完新世海成段丘と地殻変動．地理学評論，**53**，29-44．

中澤　努・中里裕臣，2005，関東平野中央部に分布する更新統下総層群の堆積サイクルとテフロクロノロジー．地質学雑誌，**111**，87-93．

七山　太・重野聖之，2004，遡上津波堆積物概論―沿岸低地の津波堆積物に関する研究レビューから得られた堆積学的認定基準―．地質学論集，58，19-33．

成尾英仁・小林哲夫，1995，噴火によって生じたクラスティックダイク．鹿児島大学理学部紀要（地学・生物学），28，111-122．

成尾英仁・小林哲夫，2002，鬼界カルデラ，6.5 ka BP噴火に誘発された2度の巨大地震．第四紀研究，**41**，287-299．

新井田清信・鈴木建夫・勝井義雄，1982，有珠山1977年噴火の推移と降下火砕堆積物．火山，**27**，97-118．

Nishimura, Y. and Miyaji, N., 1995, Tsunami deposits from the 1993 southwest Hokkaido Earthquake and the 1640 Hokkaido Komagatake eruption, northern Japan. *PAGEOPH*, **144**, 719-733.

西村裕一・宮地直道，1998a，北海道駒ケ岳噴火津波（1640年）の波高分布について．火山，**43**，239-242．

西村裕一・宮地直道，1998b，駒ケ岳噴火津波（1640年）の堆積物中の痕跡．

月間海洋,号外 15,172-176.

Nishimura, Y., Miyaji, N., and Suzuki, M., 1999, Behavior of historic tsunamis of volcanic origin as revealed by onshore tsunami deposits. *Phys. Chem. Earth* (A), **24**, 985-988.

Nomanbhoy, N. and Satake, K. (1995) Generation mechanism of tsunamis from the 1883 Krakatau eruption. *Geophys, Res. Lett.*, **22**, 509-512.

North Greenland Ice-Core Project (North GRIP) Members, 2004, High resolution Climate Record of the Northern Hemisphere back into the last Interglacial Period. *Nature*, 431, 147-151.

Oba, T., Irino, T., Yamamoto, M., Murayama, M., Takamura, A. and Aoki, K., 2006, Paleoceanographic change off central Japan since the last 144,000-years based on high-resolution oxygen and carbon isotope records. *Global and Planetary Change*, 53 (1-2), 5-20.

岡 重文,1991,関東地方南西部における中・上部更新統の地質.地質調査所月報,42,553-653.

岡田篤正・松田時彦,1976,岐阜県東部小野沢峠における阿寺断層の露頭と新期断層運動.地理学評論,49,632-639.

岡田 弘,1981,二つのセントヘレンズ.地理,**26**,40-50.

岡田 誠・所 佳美・内田剛行・荒井裕司・斉藤敬二,2012,房総半島南端千倉層群における鮮新統―更新統境界層準の古地磁気―酸素同位体複合層序.地質学雑誌,**118**,97-108.

岡村 眞・松岡裕美・長崎県雲仙活断層群調査委員会,2005,海底コア試料に記録されたアカホヤ巨大津波の痕跡.地球惑星科学関連学会 2005 年合同大会予稿集,J 027-P 025.

岡崎浩子・増田富士雄,1992,古東京湾地域の堆積システム.地学雑誌,**98**,235-258.

Okazaki, H. and Masuda, F., 1995, Sequence stratigraphy of the late Pleistocene Palaeo-Tokyo Bay : barrier islands and associated tidal delta and inlet. *Spec. Publsint. Ass. Sed.*, 24, 275-288.

奥村晃史,2010,地質学 第四紀の新しい定義―人類の未来を開く鍵として.日本地球惑星科学連合ニュースレター,6,1-3.

奥野 充,1995,降下テフラからみた水蒸気噴火の規模・頻度.金沢大学文学部地理学報告,7,1-23.

Omori, F., 1916, The Sakurajima eruptions and earthquakes. III. *Bull. Imp. Earthq. Invest. Committee*, 8, 181-321.

大森房吉,1918,桜島噴火.震災予防調査会報告,86(日本噴火誌 上編),191-200.

大村 纂,2010,ヨーロッパ=アルプスにおける氷河の消長.極圏・雪氷圏と地球環境(遠藤邦彦・薮谷哲也・山川修治編著),79-89.

小野有五・五十嵐八枝子,1991,北海道の自然史:氷期の森林を旅する.219p,北海道大学図書刊行会.

大野希一・遠藤邦彦・宮原智哉・陶野郁雄・磯　望，1995，雲仙岳1992年噴火における火山豆石の生成条件―雲仙竹噴火とその噴出物，第2報―．火山，**40**，1-12．

太田一也（1969）眉山崩壊の研究．九州大学理学部島原火山温泉研究所研究報告，**5**，6-35．

太田陽子・成瀬敏郎・田中眞吾・岡田篤正，2004，日本の地形6　近畿・中国・四国．383 p，東京大学出版会．

Petit, J. R., Jouzel, J., Raynaud, D., Barkow, N. L., Barnola, J. M., Basile, L., Bender, M., Chappellaz, J., Davis, M., Delaygue, G., Delmotte, M., Kotlyakov, V. M., Legrand, M., Lipenkov, V. Y., Lorius, C., Pepin, L., Ritz, C., Saltzman, E. and Stievenard, M., 1999, Climate and atmospheric history of the past 420,000 years from the Vostok ice core, Antarctica. *Nature*, **399**, 429-436.

Pierson, T. C., Daag, A. S., Delos Reyes, P. J., Regalado, T. M., Solidum, R. U., and Tubianosa, B. S., 1996, Flow and deposition of posteruption hot lahars on the east side of Mount Pinatubo, July-October 1991. In *FIRE and MUD-Eruptions and lahars of Mount Pinatubo, Philippines* (Newhall, C. G. and Punongbayan, R. S. eds.), 921-950.

Pillans, B. and Naish, T., 2004, Defining the Quaternary. *Quat. Sci. Rev.*, **23**, 2271-2282.

Porter, S. C. and An, Z., 1995, Correlation between climate events in the North Atlantic and China during the last glaciation. *Nature*, **375**, 305-308.

Riehle, J. R., Waitt, R. B., Meyers, C. E., and Calk, L. C., 1998, Age of formation of Kaguyak Caldera, eastern Aleutian arc, Alaska, estimated by tephrochronology. *U. S. Geol. Surv. Prof. Pap.*, 1595, 161-168.

Ross, C. S., and Smith, R. L., 1961, Ash-flow tuffs：Their origin, geologic relations and identification：U. S. *Geol. Surv. Prof. Pap.*, 366, 81p.

斎藤文紀，2005，ヒマラヤ-チベットの隆起とアジアの大規模デルタ：デルタの特徴と完新世における進展（〈特集〉ヒマラヤ-チベットの隆起とアジア・モンスーンの進化，変動）．地質学雑誌，**111**，717-724．

斎藤文紀，2006，沖積層研究の魅力と残された課題．地質学論集，59，205-212．

寒川　旭，1992，地震考古学―遺跡が語る地震の歴史―．中央公論社，東京．256p．

佐瀬　隆・細野　衛・宇津川　徹・加藤定男・駒村正治，1987，武蔵野台地成増における関東ローム層の植物珪酸体分析．第四紀研究，**26**，1-11．

佐瀬　隆・町田　洋・細野　衛，2008，相模野台地，大磯丘陵，富士山東麓の立川―武蔵野ローム層に記録された植物珪酸体群集変動―酸素同位体ステージ5.1以降の植生・気候・土壌史の解読―．第四紀研究，**47**，1-14．

Satake, K. and Kato, Y. (2001) The 1741 Oshima-Oshima eruption：extent and volume of submarine debris avalanche. *Geophys. Res. Lett.*, **28**, 427-430.

佐藤時幸, 2010, パナマ地峡の成立と世界的な寒冷化―第四紀の新しい定義と関連して―. 第四紀研究, **49**, 283-292.

Sato, T. and Kameo, K., 1996, Pliocene to Quaternary calcareous nannofossil biostratigraphy of the Arctic Ocean, with reference to late Pliocene glaciation. *Proc. Oc. Drilling Prog., Sci. Results*, 151, 39-59.

Sato, T., Takayama, T. and Kameo, K., 1991, Coccolith biostratigraphy of the Arabian Sea. *Proc. Oc. Drilling Prog., Sci. Results*, 117, 37-54.

佐藤時幸・樋口武志・石井崇暁・湯口志穂・天野和孝・亀尾浩司, 2003, 秋田県北部に分布する上部鮮新統～最下部更新統の石灰質ナンノ化石層序：後期鮮新世古海洋変動と関連して. 地質学雑誌, **109**, 280-292.

Sato, T., Yuguchi, S., Takayama, T. and Kameo, K., 2004, Drastic change in the geographical distribution of the cold-water nannofossil Coccolithus pelagicus (Wallich) Schiller during the late Pliocene, -with special reference to increase of ice sheet in the Arctic Ocean-. *Mar. Micropaleontol.*, 52, 181-193.

里口保文, 2010, 鮮新-更新世境界付近の広域テフラとテフラ層序の分解能. 第四紀研究, **49**, 315-322.

澤井祐紀・岡村行信・宍倉正展・松浦旅人・Than Tin Aung・小松原純子・藤井雄士郎, 2006, 仙台平野の堆積物に記録された歴史時代の巨大津波―1611年慶長津波と869年貞観津波の浸水域―. 地質ニュース, 624, 36-41.

澤井祐紀・宍倉正展・高田圭太・松浦旅人・Than Tin Aung・小松原純子・藤井雄士郎・藤原　治・佐竹健治・鎌滝孝信・佐藤伸枝, 2007, ハンディジオスライサーを用いた宮城県仙台平野（仙台市・名取市・岩沼市・亘理町・山本町）における古津波痕跡調査. 活断層・古地震研究報告, 7, 47-80.

関本勝久・遠藤邦彦・清水恵助, 2008, 東京湾北西部域, 東京国際空港（羽田）付近の沖積層と古環境. 日本大学文理学部自然科学研究所研究紀要, 43, 337-345.

Sekiya, S. and Kikuchi, Y., 1889, The eruption of Bandaisan. *J. Coll. Sci., Imp. Univ. Tokyo*, **3**, 91-172.

Self, S. and Rampino, M. R., 1981, The 1883 eruption of Krakatau. *Nature*, **294**, 699-704.

Self, S. and Sparks, R. S. J., 1978, Characteristics of widespread pyroclastic deposits formed by the interaction of silicic magma and water. *Bull. Volcanol.*, **41**, 196-212.

Shackleton, N. J., 1967, Oxygen isotope analyses and Pleistocene temperatures re-assessed. *Nature*, **215**, 15-17.

Shackleton, N. J., Backman, J., Zimmerman, H., Kent, D. V., Hall, M. A.,

Roberts, D. G., Schnitker, D., Baldauf, J. G., Desprairies, A., Homrighausen, R., Huddlestun, P., Keene, J. B., Kaltenback, A. J., Kurmsiek, K. A. O., Morton, A. C., Murray, J. W. and Westberg-Smith, J., 1984, Oxygen isotope calibration of the onset of ice-rafting and history of glaciations in the North Atlantic region. *Nature*, **307**, 620-623.

茂野 博, 2004, 火山防災と地熱開発の協力―磐梯山1888年噴火（水蒸気爆発）災害を例に考える―. 地熱エネルギー, **29**, 17-32.

鹿間時夫, 1955, 鹿児島県燃島貝層の層位的位置. 地質学雑誌, **61**, 723.

Shimada, C., Sato, T., Yamasaki, M., Hasegawa, S. and Tanaka, Y., 2009, Drastic change in the late Pliocene subarctic Pacific diatom community associated with the onset of the Northern Hemisphere Glaciation. *Palaeo. Palaeo. Palaeo.*, **279**, 207-215.

下山正一・松本直久・湯村弘志・竹村恵二・岩尾雄四郎・三浦哲彦・陶野郁雄, 1994, 有明海北岸低地の第四系. 九州大学理学部研究報告　地球惑星科学, **18**, 103-129.

新川和範・遠藤邦彦・大野希一・宮原智哉, 1993, 雲仙火山1991年噴出物中にみられた vesicular tuff. 日本大学理学部自然科学研究紀要, **28**, 91-98.

宍倉正展, 2003, 変動地形からみた相模トラフにおけるプレート間地震サイクル. 地震研彙報, 12, 245-254.

宍倉正展・澤井祐紀・岡村行信・小松原純子・Than Tin Aung・石山達也・藤原 治・藤野滋弘, 2007, 石巻平野における津波堆積物の分布と年代. 活断層・古地震研究報告, 7, 31-46.

Siebert, L., Glicken, H., and Ui, T., 1987, Volcanic hazards from Bezymianny- and Bandai-type eruptions. *Bull. Volcanol.*, **49**, 435-459.

Simkin, T., Siebert, L., McClelland, L., Bridge, D., Newhall, C., and Latter, J.H., 1981, Volcanoes of the world. Smithsonian Institution, Hutchinson Ross Publishing Company, Pennsylvania, 232p.

Smith, R. L. and Bailey, R. A., 1968, Resurgent cauldrons. *Geol. Soc. Am., Mem.*, **116**, 613-662.

Sparks, R. S. J., 1983, Mt. Pelee, Martinique : May 8 and 20, 1902, pyroclastic flows and surges-discussion. *J. Volcanol. Geotherm. Res.*, **19**, 175-180.

Sparks, R. S. J., Self, S., and Walker, G. P. L., 1973, Products of ignimbrite eruptions. *Geology*, **1**, 115-118.

Stewart, A. L. and McPhie, J., 2004, An Upper Pliocene coarse pumice breccia generated by a shallow submarine explosive eruption, Milos, Greece. *Bull. Volcanol.*, **66**, 15-28.

Stuiver, M., Reimer, P. J. and Braziunas, T. F., 1998, High precision radiocarbon age calibration for terrestrial and marine samples. *Radiocarbon*, **40**, 1127-1151.

Sugimura, A. and Matsuda, T,, 1965, Atera Fault and its displacement vectors. *Geol. Soc. Amer. Bull.*, **76**, 509-522.

Sugimura, A. and Naruse, Y., 1954, Changes in sea level, seismic upheavals, and coastal terraces in the southern Kanto region, Japan (I). *Jap. J. Geol. Geogr.*, **24**, 110-113.

鈴木毅彦，2000，飛騨山脈貝塩給源火道起源の貝塩上宝テフラを用いた中期更新世前半の地形面編年．地理学評論，Ser. A **73**，1-25．

鈴木正章・吉川昌伸・村田泰輔，1999，後志利別川流域における更新世末期以降の環境変遷．国立歴史民俗博物館研究報告，81，371-386．

多田文男・津谷弘逵，1927，十勝岳の爆発．東大地震研究所彙報，**2**，40-84．

多田隆治，1998，数百年～数千年スケールの急激な気候変動－Dansgaard-Oeschger Cycle に対する地球システムの応答．地学雑誌，**107**，218-233．

田原敬治・公文富士夫・長橋良隆・角田尚子・野末泰宏，2006，長野県，高野層のボーリングコア試料の全有機炭素（TOC）含有率変動に基づく更新世後期の古気候変動の復元．地質学雑誌，**112**，568-579．

高木俊男・柳田　誠・藤原　治・小沢昭男，2000，海岸段丘から推定した河床高度変化の歴史．地学雑誌，**109**，366-382．

高橋正樹，1983，バイアス型カルデラ－大規模珪長質マグマ溜りの地表への表われ－．月間地球，**44**，101-109．

高橋正樹，2006，プロキシマル火山地質学．月間地球，**28**，201-203．

田力正好・池田安隆，2005，段丘面の高度分布からみた東北日本弧中部の地殻変動と山地・盆地の形成．第四紀研究，**44**，229-245．

宝田晋治，1991，岩屑流の流動・堆積機構－田代岳火山起源の岩瀬川岩屑流の研究．火山，**36**，11-23．

田村知栄子・早川由紀夫，1995，史料解説による浅間山天明三年（1783年）噴火推移の再構築．地学雑誌，**104**，843-864．

田村糸子・高木秀雄・山崎晴雄，2010，南関東に分布する2.5 Maの広域テフラ：丹沢－ザクロ石軽石層．地質学雑誌，**116**，360-373．

田村　亨・斎藤文紀・増田富士雄，2006，浜堤平野における沖積層の層序と堆積学的解釈：仙台平野と九十九里浜平野の例．地質学論集，59，83-92．

Tanabe, S., Nakanishi, T. and Yasui, S., 2010, Relative sea-level change in and around the Younger Dryas inferred from late Quaternary incised-valley fills along the Japan Sea. *Quat. Sci. Rev.*, **29**, 3956-3971.

田中舘秀三（1935）鹿児島県下硫黄島噴火概報．火山，**2**，188-209．

田中勝法・竹village貴人・木村克己，2006，堆積環境の変遷から見た沖積層の圧密特性．地質学論集，59，191-204．

Tomita, K., Kanai, T., Kobayashi, T., and Oba, N., 1985, Accretionary lapilli formed by the eruption of Sakurajima volcano. *J. Japan. Assoc. Min. Petr. Econ. Geol.*, **80**, 49-54.

陶野郁雄，1991，災害予測図作成手法に関する基礎的研究．平成2年度文部省科学研究費補助金研究成果報告書，160 p．

陶野郁雄，2009 a，液状化現象．デジタルブック最新第四紀学（日本第四紀学

会 50 周年電子出版編集委員会編），CD-ROM および概説集（30 p.）．
陶野郁雄，2009 b，地盤沈下．デジタルブック最新第四紀学（日本第四紀学会 50 周年電子出版編集委員会編），CD-ROM および概説集（30 p.）．
陶野郁雄・安田　進，1994，地震時の液状化による地盤災害（自然災害と防災-3-）．学術月報，47，626-634．
徳橋秀一・遠藤秀典，1984，姉崎地域の地質．地域地質研究報告（5万分の1地質図幅），136p．
津久井雅志・森泉美穂子・鈴木将志，1991，八丈島東山火山の最近22,000年間の噴火史．火山，**36**，345-356．
津久井雅志・斎藤公一滝・林幸一郎，2006，伊豆諸島における9世紀の活発な噴火活動について―テフラと歴史史料による層序の改訂―．火山，**51**，327-338．
津久井雅志・中野　俊・斎藤公一滝，2008，9世紀にアムールプレート東縁に沿って起きた噴火・地震活動について．火山，**53**，79-91．
筒井正明・奥野　充・小林哲夫，2007，霧島・御鉢火山の噴火史．火山，**52**，1-20．
上杉　陽，1976，大磯丘陵のテフラ．関東の四紀，3，28-38．
宇井忠英，1973，幸屋火砕流 ―極めて薄く拡がり堆積した火砕流の発見―．火山，**18**，153-168．
宇井忠英・荒牧重雄，1983，1980年セントヘレンズ火山のドライアバランシュ堆積物．火山，**28**，289-299．
氏原　温，1986，鮮新-更新統上総層群産浮遊性貝類群集と古水温変遷．地質学雑誌，**92**，639-651．
卜部厚志・吉田真見子・高濱信行，2006，越後平野の沖積層におけるバリアー-ラグーンシステムの発達様式（沖積層研究の新展開）．地質学論集，59，111-127．
Voight, B., Komorowski, J-C., Norton, G. E., Belousov, A. B., Belousova M., Boudon, G., Francis, P. W., Franz, W., Heinrich, P., Sparkes, R. S. J., and Young, S. R., 2002, The 26 December (Boxing Day) 1997 sector collapse and debris avalanche at Soufriere Hills Volcano, Montserrat. In : Druitt, T. H. and kokelaar, B. P. (eds.) *The eruption of Soufriere Hills Volcano, Montserrat, from 1995 to 1999*, Geol. Soc. London, Mem., 21, 363-407.
Waitt, R. B., 1984, Comment on "Mount St. Helens 1980 and Mount Pelee 1902-flow or surge?" *Geology*, **12**, 693.
Walker, G. P. L., 1971, Grain size characteristics of pyroclastic deposits. *J. Geol.*, **79**, 696-714.
Walker, G. P. L., 1973, Explosive volcanic eruptions—a new classification scheme. *Geol. Rundsch.*, **62**, 431-446.
Walker, G. P. L., 1980, The Taupo pumice : product of the most powerful known (ultraplinian) eruption? *J. Volcanol. Geotherm. Res.*, 8, 69-94.

Walker, G. P. L., 1981, Characteristics of two phreatoplinian ashes, and their water flushed origin. *J. Volcanol. Geotherm. Res.*, **9**, 395-407.

Walker, G. P. L., 1985, Origin of coarse lithic breccias near ignimbrite source vents. *J. Volcanol. Geotherm. Res.*, **25**, 157-171.

Walker, G. P. L., Self, S., and Froggatt, P. C., 1981, The ground layer of the Taupo ignimbrite : a striking example of sedimentation from a pyroclastic flow. *J. Volcanol. Geotherm. Res.*, **10**, 1-11.

Walker, G. P. L. and McBroome, L. A., 1983, Mount St. Helens 1980 and Mount Pelee 1902-flow or surge? *Geology*, **11**, 571-574.

Walker, M., Johnsen, S., Rasmussen, S. O., Popp, T., Steffensen, J. -P., Gibbard, P., Hoek, W., Lowe, J., Andrews, J., Bjorck, S., Cwynar, L. C., Hughen, K., Kershaw, P., Kromer, B., Litt, T., Lowe, D. J., Nakagawa, T., Newnham, R. and Schwander, J., 2009, Formal definition and dating of the GSSP (Global Stratotype Section and Point) for the base of the Holocene using the Greenland NGRIP ice core, and selected auxiliary records. *J. Quat. Sci.*, **24**, 3-17.

Watanaba, K. and Katsui, Y., 1976, Pseudo-pillow lavas in the Aso caldera, Kyushu, Japan. *J. Japan. Assoc. Min. Pet. Econ. Geol.*, **71**, 44-49.

渡辺一徳・横山勝三・高木秀和，1999，九重火山北麓に分布する松の台岩屑なだれ堆積物とその残留磁化特性．科学研究費補助金（基盤研究C）研究成果報告書（代表　渡辺一徳），9-61．

Wilson, C. J. N. and Walker, G. P. L., 1982 Ignimbrite depositional facies : the anatomy of a pyroclastic flow. *J. Geol. Soc. London*, **139**, 581-592.

Wilson, C. J. N. and Walker, G. P. L., 1985, The Taupo eruption, New Zealand I. General aspects. *Phil. Trans. R. Soc. London, A.*, **314**, 199-228.

Wright, J. V., Smith, A. L., and Self, S., 1980, A working terminology of pyroclastic deposits. *J. Volcanol. Geotherm. Res.*, **8**, 315-336.

山岸宏光，1994，水中火山岩―アトラスと用語解説―．北海道図書刊行会，札幌，195p．

Yamagishi, H. and Feebrey, C., 1994, Ballistic ejecta from the 1988-1989 andesitic vulcanian eruptions of Tokachidake Volcano, Japan : Morphologies and genesis. *J. Volcanol. Geotherm. Res.*, **59**, 269-278.

山口鎌治，1968，小浅間溶岩円頂丘の頂上を貫く裂罅の起原についての新解釈．立正女子大学研究紀要，**2**，30-50．

山本裕明，2001，小値賀島単成火山群における噴石丘の形成発達過程．火山，**46**，239-256．

山本裕明・谷口宏充，1999，小値賀島単成火山群の火山地質．東北アジア研究，3，201-232．

山元孝広，1989，マグマ水蒸気爆発の特性とメカニズム：Vapor explosion modelによる噴火事例の検討．火山，**34**，41-56．

山元孝広, 2005, 福島県, 吾妻火山の最近7千年間の噴火史：吾妻—浄土平火山噴出物の層序とマグマ供給系. 地質学雑誌, **111**, 94-110.

横山祐典, 2002, 最終氷期のグローバルな氷床量変動と人類の移動. 地学雑誌, **111**, 883-899.

横山祐典, 2006, 地球温暖化と海面上昇—氷床変動・海水準変動・地殻変動. 地球史が語る近未来の環境, 33-54, 東大出版会.

Yokoyama, I., 1957, Geomagnetic anomaly on volcanoes with relation to their subterranean structure. *Bull. Earthq. Res. Inst.*, **35**, 327-357.

Yokoyama, I., 1981, A geophysical interpretation of the 1883 Krakatau eruption. *J Volcanol. Geotherm. Res.*, **9**, 359-378.

Yokoyama, I., 2004, Formation processes of the 1909 Tarumai and the 1944 Usu lava domes in Hokkaido, Japan. *Annals of Geophysics*, **47**, 1811-1825.

米倉伸之・鈴木郁夫・長谷川太洋・上杉　陽・遠藤邦彦・岡田篤正・河名俊男・石川佳代・福田正巳, 1968, 相模湾北岸の沖積段丘, とくに下原貝層のC-14年代について. 第四紀研究, **7**, 49-55.

吉川周作・里口保文・長橋良隆, 1996, 第三紀・第四紀境界層準の広域火山灰層—福田・辻又川・Kd 38 火山灰層—. 地質学雑誌, **102**, 258-270.

吉本充宏・宇井忠英, 1998, 北海道駒ヶ岳火山1640年の山体崩壊. 火山, **43**, 137-148.

索　　引

ア　行

アア溶岩　　156
アイスウェッジ　　80
アイスウェッジ・カスト　　80
アイソスタシー　　84,85
姶良 Tn 火山灰層　　42,198
姶良カルデラ　　19
亜間氷期　　11,16
アグルチネート　　40,140
朝代-Tzw テフラ層　　51
アズキ火山灰層　　56
アースハンモック　　80
新しい第四紀像　　7,8
阿寺断層　　72
姉崎面　　61
亜氷期　　16
有明海沿岸平野　　68

イオニアン　　4
イグニンブライト　　131
異質　　33
伊勢湾　　90
イベント堆積物　　71
芋窪礫層　　55
岩なだれ　　171
インブリケーション　　135
インボルーション　　80

永久凍土　　79,80
液状化　　194
液状化現象　　72,192,198
液状化のメカニズム　　198
越後平野　　86,87
エンタブラチャー　　161

大磯丘陵　　58
大阪層群　　56,59
大阪平野　　68
大田代層　　56
小原台面　　61
親潮　　89
オルドバイ・イベント　　4,50
御嶽崩壊　　197
大桑層　　57

カ　行

海岸段丘　　69,71
海溝型地震　　69
塊状溶岩　　156
貝塩上宝テフラ　　55
海進・海退　　87,89
崖錐角礫岩　　164
海水準　　20,66,67
海水準の指標　　89
海水準変化（海面変動）　　62,66
海水準変動　　43,57,84,85,86,87,89,90
海水準変動曲線　　85,86
海水量　　84
海成段丘　　73,75
外生的　　163
海底コア　　5,11,15,16,17,18,19,21,24,44,46,58,60
海面上昇　　199
海洋酸素同位体ステージ　　11,45
海洋酸素同位体編年　　14
貝類群集　　87,89
ガウス正磁極期　　6
カキ礁　　68,88
鍵層　　44
火口　　31
過酷事故　　192
火砕岩　　39
火砕サージ　　145
火砕成溶岩　　141
火砕物密度流　　148
火砕密度流　　130
火砕流　　32
笠森層　　55,56

索　　引

火山角礫岩　40
火山活動　76,82
火山ガラス片　103
火山岩塊　33
火山岩頸　165
火山岩尖　164
火山岩灰流　130
火山群　114
火山－構造性地溝　117
火山砂　41,125
火山災害　2,44,196,197
火山砕屑岩　39
火山砕屑物　31
火山性砕屑岩　39
火山弾　31
火山地域　114
火山泥流　82
火山灰　33
火山灰土　98
火山灰編年法　43
火山灰流　131
火山豆石　34
火山礫　33
火山礫凝灰岩　40
火山麓扇状地　179
鹿島沖コア　12,19,46,61
上総層群　48,51,54,55,56,58
ガス吹き抜けパイプ　135
活火山　25
活断層　72,73
滑動　82
河道閉塞　197
下部更新統　50
花粉　15,19,56,57,61,95,96,97,98
花粉分析　19,59,96,98
花弁構造　158
カラブリアン　4
カリブ海　9
軽石　37
軽石流　131
カルデラ火山　116
岩塊相　173
環境汚染　192
完新世　2,11,19,20,21,23,62,63,66,69,88,89,95,98,100
完新世の気候変動　22
完新世の始まり　20,22
岩屑なだれ　32,82,83,171,196
関東大地震　69
関東平野　88
関東ローム層　58,98
寒の戻り　20
間氷期　5,9,11,13,14,16,19,55,73,75
岩片濃集層　134

気候変動　2,5,8,11,13,14,15,16,17,20,22,24,43,44,57,59,84,95,96,97,99
気候変動システム　10
気候変動のメカニズム　2,9
基質支持　39
基質相　173
気象災害　2,197
季節的凍土帯　81
季節凍土　80
気相晶出作用　137
北大西洋　5,6,9,17,18,19,21,22
北大西洋深層水　18
基底礫層　63
気泡火山灰　127,148
気泡凝灰岩　148
気泡シリンダー　159
偽枕状溶岩　167
急崖　158
旧海水準指標　87
旧汀線　73
旧汀線地形　73
凝灰角礫岩　40
凝灰岩　40
凝灰集塊岩　40
強溶結　137
巨大軽石　169
巨大地震　199
巨大津波　192,197
巨大噴火　199
亀裂　158
黄和田層　55,56,57

クイッククレイ性崩壊　*82*
空気の化石　*15*
グランドサージ　*133,145*
グランド層　*134*
クリープ　*82*
クリンカー　*157*
グリーンランド　*5,6,15,16,17,18,20,21,22,76,97*
グレイシオ・アイソスタシー　*84*
黒潮　*89*
黒滝層　*55*
黒滝不整合　*51*

珪藻　*50,51,86,96*
珪藻群集　*10*
結晶質火山灰　*122*
圏谷（カール）　*78*
減災　*2,194*
原子力発電所事故　*192*
元禄関東地震　*197*
元禄地震　*69,70*
元禄面　*69*

広域テフラ　*42,43,44,45,46,48,50,56,58,73,95*
豪雨　*82*
降下単位　*123*
黄砂　*2,98*
更新世　*3,4,20,51,56,62*
更新世後期　*61*
更新世中・後期　*48,57*
更新世の始まり　*22*
更新統　*3,4*
更新統下部/中部境界　*54*
構造土　*80*
公転軌道　*11*
公転軌道の離心率　*14*
古環境　*58*
古気候　*58*
古気候復元　*96*
古気候変動　*9,15*
国本層　*54,55,56*
湖沼堆積物　*19,95,96*
古植生の解析　*96*
古第三紀　*1,4*

古第三系　*4*
コックステイルジェット　*30*
湖底堆積物　*97*
古東京湾　*92*
古富士火山テフラ　*58*
コロネード　*161*

サ　行

歳差　*11,13,14,60*
最終間氷期　*11,61,98,100*
最終氷期　*2,11,19,21,22,24,63,78,80,86,98*
最終氷期最寒冷期（最盛期，LGM）　*19,21,64*
再生ドーム　*118*
材木状軽石　*169*
再来間隔　*70,73*
サクラ火山灰層　*56*
笹岡層/天徳寺層　*50*
砂堤列　*66,92*
砂堤列平野　*66,90,91,94*
砂漠化　*2*
山岳氷河　*15,76*
ザンクリアン　*4*
サンゴ礁　*73*
酸素同位体カーブ　*44*
酸素同位体比　*5,11,13,14,15,17,21,45,46,84,96*
酸素同位体比カーブ　*11,14,16,60,61,95*
酸素同位体比の温度依存性　*12*
酸素同位体比変動　*8,18*
山体崩壊　*82,196*
山地の形成　*76*
山地の成長曲線　*74*
山地の隆起速度　*74*

ジェット　*134*
ジェラシアン（ジェラ）期/階　*1,3,4,7,50*
ジグソークラック　*174*
シーケンス層序　*63,66,92*
地震　*82*
地震災害　*2,197*
地震性タービダイト　*72*

地震津波　71
地震履歴　72
自然災害　2,194,196,197,199
地蔵堂層　56,59
自転軸　13
自破砕　41
地盤災害　2,198
地盤沈下　198
下総層群　54,55,56,57,58,59,92
下末吉期　58
下末吉ローム層　58
弱溶結　137
斜面災害　2,194
斜面の物質移動　76,81,82
斜面崩壊　197
集中豪雨　82
周氷河限界　80
周氷河現象　76,79,80
周氷河作用　76,79
周氷河地形　79
植物珪酸体　99
準プリニー式噴火　29
ジョインテッドブロック　36
貞観津波堆積物　192
上下地殻変動　70
小氷期　2,22,23
縄文海進　65,66,84,87,89
植物珪酸体　96,97,98
深海底コア　1,5,9,10,11,14,18,22
侵食小起伏面　74
新生界　4
新生代　4
深層循環コンベアベルト　18
深層水の形成　24
新第三紀　1,4
新第三系　4
森林限界　79
森林破壊　95

水月湖　22,95,98
水蒸気プリニー式噴火　31
水蒸気噴火　25
水蒸気マグマ噴火　25

水中火砕岩　39
水平変位量　72
水冷破砕　41
数値年代　45
スクィーズアップ　159
スコリア　37
スコリア丘　111
スコリア流　131
ストロンボリ式噴火　28
スパイラクル　159
スパター　35
スパター丘　111
スパターランパート　111
スーパーボルケーノー　116
スフリエール型　131
スペックマップ尺度　14
スラッシュフロー　182
スレッドレーススコリア　37

成層火山　113
石灰質ナンノ化石　7,10,50,51,52
雪線高度　76
セラミサイト　36
前期更新世　48,53
1500年周期の気候変動　22
潜在ドーム　166
鮮新/更新統　48,50,51
鮮新世　4,7
鮮新統　4
鮮新統/更新統境界　50
剪断応力　81
剪断抵抗力　81
全有機炭素（TOC）　95
栓流　174

層位年代　105
造礁サンゴ　67,87
相対的海水準変動　84,87,88
側火山　113
塑性変形　82
ソリフラクション　82

タ　行

第三紀　4
第三系　4

索引

大正関東地震　69,70
堆積環境　86
堆積曲線　86
台風　82
太陽活動の変化（盛衰）　22,23
第四紀　1,2,3,4,6,7,8,9,10,11,44,48,50,51,54,58,69,72,74,75,79,84,199
第四紀像　3,8
第四紀の新定義（再定義）　3,4,6,54
第四紀の始まり　1,3,4,6,11,51,54
第四紀編年　45,46
第四系　3,4,6,48,49,50,54,192
大陸氷床　8,9,20,76
大陸氷床量　11,16
高野層　95
立川ローム層　58
脱ガラス化作用　139
楯状火山　114
タフコーン　112
タフリング　112
多摩Ⅰ・Ⅱローム層　58
タランティアン　4
単一流動単位　106
丹沢－ざくろ石軽石層（Tn-GP）　51
単成火山　110
単成火山群　114

地殻変動　69,73,87,195
地球温暖化　1,2,76,199
地球環境問題　2,199
地球史における現代　1
千倉層群　50,51
地軸　14
地軸の傾き　11
地質汚染　192
中・下部更新統境界　56
柱状節理　161
中心火口　109
中世温暖期　2,22
沖積層　48,62,63,64,65,66,67,68,86

沖積層基底礫層　63
潮間帯　88,89
超巨大カルデラ噴火　196
超巨大地震　192,194
潮汐三角州　94
超プリニー式噴火　29

対馬海流（暖流）　89,90
津波災害　2,197
津波浸水高・遡上高　193
津波対策　195
津波堆積物　44,71,195

底生有孔虫　14,57
低頻度の大災害　196
泥流　197
テクトニクス　76
テフラ　12,21,32,42,43,44,46,48,51,52,54,55,58,61,78,95,98,101
テフラ鍵層　58
テフラの認定法　45
テフラの年代測定法　45
テフラメンバー　122
テフロクロノロジー　42,43,44,45,47,73
デルタ　66,67,90
デルタシステム　68,90,92
デルタフロント　66,68

同位体ステージ　12,44
同位体変動カーブ　58
東京低地　63,64,65,67
東京湾　90
凍結破砕　79
凍結融解作用　79
凍上　79
等層厚線図　103
凍土現象　80
凍土帯　79
東北地方太平洋沖地震　2,192,193,194,195
等粒径線図　103
豊島台　61
土砂災害　197

土壌　*98*
土石流　*82,83,197*

ナ行

内生的　*163*
中川低地　*63,64,65,66,67*
中村原面　*69*
流れ山　*32,171*
七号地層　*63,65,66,67*
南極　*8,15,16,76*
南極ボストーク基地　*16*

ニアフィールド　*84*
新潟砂丘　*94*
新潟平野　*67,86,93*
2次流動　*141*
にせピロー　*167*
日射量　*8,13,14,60*
人間生活　*192,199*

沼面　*69*

ネオグラシエーション　*22*
ネオテクトニクス　*73*
熱雲　*129*
熱雲火山灰　*130*
熱雲サージ　*129,145*
熱塩循環　*9,20,24*
根なし溶岩　*143*
年縞　*95,98*

濃尾平野　*68*
野尻湖　*95,96,97*

ハ行

バイアスカルデラ　*118*
ハイアロクラスタイト　*170*
バイカル湖　*95*
ハイドロ・アイソスタシー　*84*
パイプ気孔　*159*
ハインリッヒ・イベント　*17*
ハインリッヒ事件1　*21*
爆発的　*26*
爆発破砕　*41*
箱根火山　*58*

箱根火山テフラ　*58*
ハザードマップ　*44,195,196*
波状構造　*187*
馬蹄形火口　*32,171*
パナマ地峡　*9,10*
パホイホイ溶岩　*156*
バリア島　*67,91,94*
バリア島（・ラグーン）システム　*67,90,91,92,93,94*
パルサ　*80*
波浪影響型　*91*
ハワイ式噴火　*28*
パン皮状火山弾　*35*
板状節理　*161*

ピアセンジアン　*4*
東日本大震災　*69,192,194*
ヒプシサーマル　*22*
氷河，氷河作用　*76,78,79*
氷期　*5,9,11,13,14,16,56,75,77,78,98*
氷期・間氷期サイクル（変動）　*8,10,11,12,56,57,60,61,75*
非溶結　*137*
氷床　*1,5,8,9,13,14,16,17,18,50,78,84,85,86,97*
氷床コア　*15,16,17,18,20,22,44*
氷床量　*85*
表層物質　*81,82*
漂流岩屑　*5*
微粒炭　*95,96*
琵琶湖　*61,95*
琵琶湖コア　*98*
ピンク火山灰層　*56*
ピンゴ　*80*
浜堤列（平野）　*67,91*

ファーフィールド　*84*
フィアメ　*137*
フィードバック・メカニズム　*9,24*
風成塵（ダスト）　*98*
複合火山　*114*
複合災害　*2,197*
複合流動単位　*105*

索　引　227

複合冷却単位　*139*
複式火山　*115*
複成火山　*110*
福田火山灰層　*56*
副模式地　*22*
富士山（火山）　*58,197*
物質移動様式　*82*
浮遊性有孔虫　*9,17,57*
プラグドーム　*164*
ブラスト　*145*
プラントオパール　*98*
プリニー式噴火　*28*
ブリュンヌ＝マツヤマ古地磁気境界　*14,50*
ブルカノ式噴火　*28*
プレー式　
プレッシャーリッジ　*159*
不連続的永久凍土（帯）　*80,81*
プロキシ　*95,96*
噴煙柱　*31*
噴煙柱崩壊　*32*
噴火シナリオ　*197*
噴火単位　*123*
噴泉崩壊　*131*

平均変位速度　*73*
平衡線高度　*76,77,78,80*
ベースサージ　*30,145*
ベズミアニ式噴火　*152*
ベーリング・アレレード（亜間氷期）　*20,21*
ペレーの毛　*35*
ペレーの涙　*35*
ベレムナイト化石　*13*
変位量　*69,70,73*

宝永地震　*197*
宝永噴火　*197*
崩壊　*82*
崩壊火口　*32*
防災教育　*194,195*
防災・減災　*194*
放散虫　*50*
放射状岩脈　*113*
放射状節理　*167*

放射年代測定　*73*
放出岩塊　*31*
紡錘状火山弾　*35*
崩落　*82*
北極海　*76*
本質　*33*
ボンド・サイクル　*22,23,24*

マ　行

埋積浅谷　*66*
埋没谷　*63*
マグマ　*25*
マグマ水蒸気噴火　*29*
マグマ溜り　*31*
マグマ噴火　*25*
枕状溶岩　*167*
マスムーブメント　*76,81*
マツヤマーガウス古地磁気境界　*5,6,50,51*
マツヤマ逆磁極期　*4*
マール　*110*

三崎面　*62*
南関東　*62*
宮崎層群　*50*
ミランコビッチ・サイクル　*8,9,10,11,12,18,56*

武蔵野ローム層　*58*

明暗縞　*19*
目黒台　*62*
メラピ式　*130*

模式地　*3,4,54,56*
モダンアナログ法　*98*
モレーン　*78*

ヤ　行

ヤンガードリアス期　*19,20,63,66,86*

有機炭素　*97*
有孔虫　*11,13,18,50,56,57,96*
融氷期　*20*

融氷水パルス　*20*
有楽町層　*63,65,66*

溶岩　*32*
溶岩基底角礫　*159*
溶岩樹型　*159*
溶岩じわ　*158*
溶岩石筍　*158*
溶岩チューブ　*158*
溶岩塚　*159*
溶岩つらら　*158*
溶岩ドーム　*32*
溶岩トンネル　*158*
溶岩流　*32*
溶結火砕岩　*141*
溶結凝灰岩　*137*
溶結凝灰岩樹型　*139*
溶融凝灰岩　*139*
余効運動（変動）　*70,194*
ヨーロッパアルプス　*77*

ラ 行

ラグブレッチャ　*131*
ラグーン　*67,92,94*
ラハール　*32,82,83*
ラピリストーン　*40*
ラビーンメント面　*63,66,67*
ランプ構造　*161*

隆起速度　*74,75*
隆起汀線地形　*74*
隆起量　*75*
粒子支持　*38*
流出的　*26*
流動　*79,81,82,198*
両極氷床システム　*8*

類質　*33*
累帯構造　*139*

冷却単位　*137*
連続的永久凍土　*81*

ロープ　*158*
ローム層　*101*

ローレンタイド氷床　*20*

ワ 行

割れ目火口　*109*

欧文

aa lava　*156*
accessory　*33*
accidental　*33*
accretionary lapilli　*34*
active volcano　*25*
agglomerate　*40*
agglutinate　*40,140*
amphitheater　*32,171*
ash　*33*
ash cloud surge　*129,145*
ash flow　*131*
Aso-4　*44,46,198*
AT（火山灰）　*19,42,43,46*
autoclastic　*41*

ballistic block　*31*
base surge　*30,145*
Bezymianny-type eruption　*152*
BG (basal gravel)　*63,66*
blast　*145*
block　*33*
block-and-ash flow　*130*
block facies　*173*
block lava　*156*
breached cone　*111*
bread-crust bomb　*35*
bubble-wall glass shard　*122*

caldera volcano　*116*
^{14}C 法　*46*
Central American Seaway　*9*
central crater　*109*
ceramicite　*36*
clastogenic lava　*141*
clinker　*157*
cluster of monogenetic volcanoes　*114*
Coccolithus pelagicus　*5,51*
cock's tail jet　*30*

索　引　229

co-ignimbrite ash　*130*
colonade　*161*
columnar joint　*161*
column collapse　*32*
composite volcano　*114*
compound cooling unit　*139*
compound flow unit　*105*
compound volcano　*114*
cooling unit　*137*
crack　*158*
crater　*31*
crease structure　*158*
crest structure　*158*
crevasse　*158*
crumble breccia　*164*
cryptodome　*166*
crystal ash　*122*

Dansgaard and Oeschger cycles（D-O サイクル）　*16*, *17*, *19*, *24*
debris avalanche　*32*, *171*
dense welding　*137*
devitrification　*139*

effusive　*26*
elutriation pipe　*135*
endogenous　*163*
entablature　*161*
eruption column　*31*
eruption fissure　*109*
eruption unit　*123*
essential　*33*
exogenous　*163*
explosive　*26*

fall unit　*123*
fiamme　*137*
Fission Track 法　*46*
flow foot breccia　*159*
flow mound　*32*, *171*
fountain collapse　*131*
fused tuff　*139*

gas segregation pipe　*135*
Gelasian　*1*, *3*, *7*

giant pumice　*169*
glass shards　*103*
grain-supported　*38*
Greenland Stadial 1（GS-1）　*21*
ground layer　*134*
ground surge　*145*

hawaiian eruption　*28*
HBG（Holocene basal gravel）　*63*
Heinrich Events　*18*
Hk-TP　*62*
horse-shaped crater　*32*, *171*
hyaloclastic　*41*
hyaloclastite　*170*

ignimbrite　*131*
IRD（ice rafted debris）　*5*, *6*, *17*, *18*, *22*, *23*
isopach map　*103*
isopleth map　*103*
IUGS　*4*

jet　*134*
jigsaw crack　*174*
jointed block　*36*

K-Ah　*44*
Kd 38　*56*
KMT　*55*
Ks 11　*56*
Ku 6 c　*56*

lag breccia　*131*
lahar　*32*
Lake Agassiz　*20*
lapilli　*33*
lapillistone　*40*
lapilli tuff　*40*
lava　*32*
lava dome　*32*
lava flow　*32*
lava sink　*158*
lava stalactite　*158*
lava stalagmite　*158*
lava tree mold　*159*

lava tube　*158*
lava tunnel　*158*
LGM (Last Glacial Maximum)　*19,42,67,85,86*
lobe　*158*

Ma 9　*59*
maar　*110*
magma　*25*
magma chamber　*31*
magma reservoir　*31*
magmatic eruption　*25*
matrix facies　*173*
matrix-supported　*39*
merapi type　*130*
MIS 11　*59*
MIS 2　*75,95*
MIS 4　*62*
MIS 5　*62,95*
MIS 5 a　*62*
MIS 5 c　*62*
MIS 5 e (5.5)　*11,14,24,60,100*
MIS 6　*75,95*
monogenetic volcano　*110*
Monte San Nicola GSSP　*3*
multiple volcano　*115*
MWP　*85,86*
MWP-1 A　*20*

NADW : North Atlantic Deep Water　*18*
Neogene　*1,4*
Neogene-Quaternary 境界　*3*
Neogloboquadrina pachyderma　*17, 18*
NGRIP 2　*22*
NHG　*5*
non welding　*137*
North GRIP 氷床コア　*20*
nuée ardénte　*129*
N 値　*66*

O 7　*56*
OSL 法　*46*
$\delta^{18}O$　*13*

pahoehoe lava　*156*
Paleogene　*1,4*
parasitic volcano　*113*
partial welding　*137*
Pee Dee 層　*13*
peléean type　*130*
Pele's hair　*35*
Pele's tear　*35*
phreatic eruption　*25*
phreatomagmatic eruption　*25*
phreatoplinian eruption　*31*
pillow lava　*167*
pipe vesicles　*159*
platy joint　*161*
Pleistocene　*3,4*
plinian eruption　*28*
Pliocene　*3*
plug dome　*164*
plug flow　*174*
Pm-1　*46*
polygenetic volcano　*110*
pressure ridge　*159*
pseudo-pillow　*167*
pseudopillow lava　*167*
pumice　*37*
pumice flow　*131*
pyroclastic　*41*
Pyroclastic Density Current　*148*
pyroclastic density current　*130*
pyroclastic flow　*32*
pyroclastic materials　*31*
pyroclastic rock　*39*
pyroclastic surge　*145*

Quaternary　*3*

radial dike　*113*
radial joint　*167*
ramp structure　*161*
resurgent dome　*118*
reticulite　*37*
rootless lava flow　*143*

scarps　*158*
scoria　*37*

scoria cone　　*111*
scoria flow　　*131*
shield volcano　　*114*
simple cooling unit　　*139*
simple flow unit　　*106*
slush flow　　*182*
soufrière type　　*131*
spatter　　*35*
spatter cone　　*111*
spatter rampart　　*111*
SPECMAP　　*11 , 14 , 73*
spindle bomb　　*35*
spiracle　　*159*
squeeze-up　　*159*
stratovolcano　　*113*
strombolian eruption　　*28*
subaqueous pyroclastic deposit　　*39*
sub-plinian eruption　　*29*
super volcano　　*116*

tephra　　*32 , 43*
tephra member　　*122*
thread-lace scoria　　*37*
Tn-GP　　*51*
TOC　　*96 , 97*
tuff　　*40*
tuff breccia　　*40*
tuff cone　　*112*
tuff ring　　*112*
tumulus　　*159*

ultraplinian eruption　　*29*

Valles caldera　　*118*
vapor phase crystallization　　*137*
vesicle cylinder　　*159*
vesiculated tuff　　*148*
volcanic area　　*114*
volcanic bomb　　*31*
volcanic breccia　　*40*
volcanic center　　*114*
volcanic fan　　*179*
volcaniclastic rock　　*39*
volcanic neck　　*165*
volcanic region　　*114*
volcanic spine　　*164*
volcano group　　*114*
volcano-tectonic depression　　*117*
Vrica Section　　*4*
vulcanian eruption　　*28*

wavy structure　　*187*
welded tuff　　*137*
welded tuff tree mold　　*139*
woody pumice　　*169*
wrinkle　　*158*

Younger Dryas Event　　*20*

zoning　　*139*

NDC 450　　　　　　　　　　　　　　　　　　　　　検印廃止　© 2012

フィールドジオロジー 9

第四紀

2012 年 9 月 15 日　　初版 1 刷発行
2018 年 9 月 15 日　　初版 4 刷発行

編　者　日本地質学会フィールドジオロジー刊行委員会

著　者　遠藤邦彦，小林哲夫

発行者　南條光章

発行所　**共立出版株式会社**
　　　　東京都文京区小日向 4-6-19
　　　　電話　03-3947-2511 番（代表）
　　　　郵便番号 112-0006
　　　　振替口座 00110-2-57035
　　　　URL　http://www.kyoritsu-pub.co.jp/

印　刷
製　本　壮光舎印刷株式会社

Printed in Japan

ISBN 978-4-320-04689-4

一般社団法人
自然科学書協会
会　員

JCOPY <出版者著作権管理機構委託出版物>

本書の無断複製は著作権法上での例外を除き禁じられています．複製される場合は，そのつど事前に，出版者著作権管理機構（TEL：03-3513-6969，FAX：03-3513-6979，e-mail：info@jcopy.or.jp）の許諾を得てください．

フィールドジオロジー

野外で学ぶ地質学シリーズ
野外調査をふまえた研究の手引き！

全9巻

日本地質学会フィールドジオロジー刊行委員会 編
編集委員長：秋山雅彦／編集幹事：天野一男・高橋正樹

❶ フィールドジオロジー入門
天野一男・秋山雅彦著　本書を片手にフィールドに出て直接自然を観察することにより，フィールドジオロジーの基本が身につくように解説。調査道具の使用法や調査法のコツも詳しく説明。[日本図書館協会選定図書]

❷ 層序と年代
長谷川四郎・中島　隆・岡田　誠著　本書は地質現象の前後関係を明らかにするための手法である層序学と，それらの現象が，地球が何歳のときに起きたかを明らかにする手法である年代学を，専門研究者が分り易く解説。

❸ 堆積物と堆積岩
保柳康一・公文富士夫・松田博貴著　堆積過程の基礎と堆積物と堆積岩から変動を読み取るための方法をやさしく解説。砂岩，泥岩，礫岩などの砕屑性堆積岩と同様に石灰岩についても十分に説明[日本図書館協会選定図書]

❹ シーケンス層序と水中火山岩類
保柳康一・松田博貴・山岸宏光著　第4巻では，第3巻で扱えなかった地層と海水準変動との関係を考察する仕方と，日本列島でのフィールド調査では避けて通れない，水中火山岩類の観察の仕方を取り上げた。

❺ 付加体地質学
小川勇二郎・久田健一郎著　本書は，付加体とは何であろうか？　どのようにして，また何故できるのだろうか？　どこへ行けば見られるのだろうか？　というような問いに対して具体的に答える付加体地質学の入門書。

❻ 構造地質学
天野一男・狩野謙一著　本書は露頭で認められる構造を対象として，フィールドで地質構造を認識・解析するための基礎知識を解説。また，構造地質学で必要とされる応力や歪といった基本概念についても必要最小限説明。

❼ 変成・変形作用
中島　隆・高木秀雄・石井和彦・竹下　徹著
変成岩の形成は，物理化学的，そして構造地質学的な2つの側面をもっている。本書ではそれらをそれぞれの専門家が「変成岩類」と「変形岩類」に分けて執筆。

❽ 火成作用
高橋正樹・石渡　明著　本書は，主に深成岩について，野外で観察できるその特徴や，それらが地下のどのようなマグマ活動を表すのか，そして地球の歴史の中で演じてきた役割を豊富な実例と最新の研究成果を示し解説。

❾ 第四紀
遠藤邦彦・小林哲夫著　本書では，新しい第四紀の定義と第四紀学のカバーする分野とともに，火山にまつわる諸現象を最近の話題をもとにわかりやすく解説しており，関連した地震や津波の研究についても紹介。

≪全巻完結≫

【各巻】　B6判・並製本・168～244頁
価　格：①，③，④，⑤，⑥，⑦，⑧，⑨巻本体2,000円／②巻本体2,100円
（税別本体価格）

（価格は変更される場合がございます）

共立出版　http://www.kyoritsu-pub.co.jp/

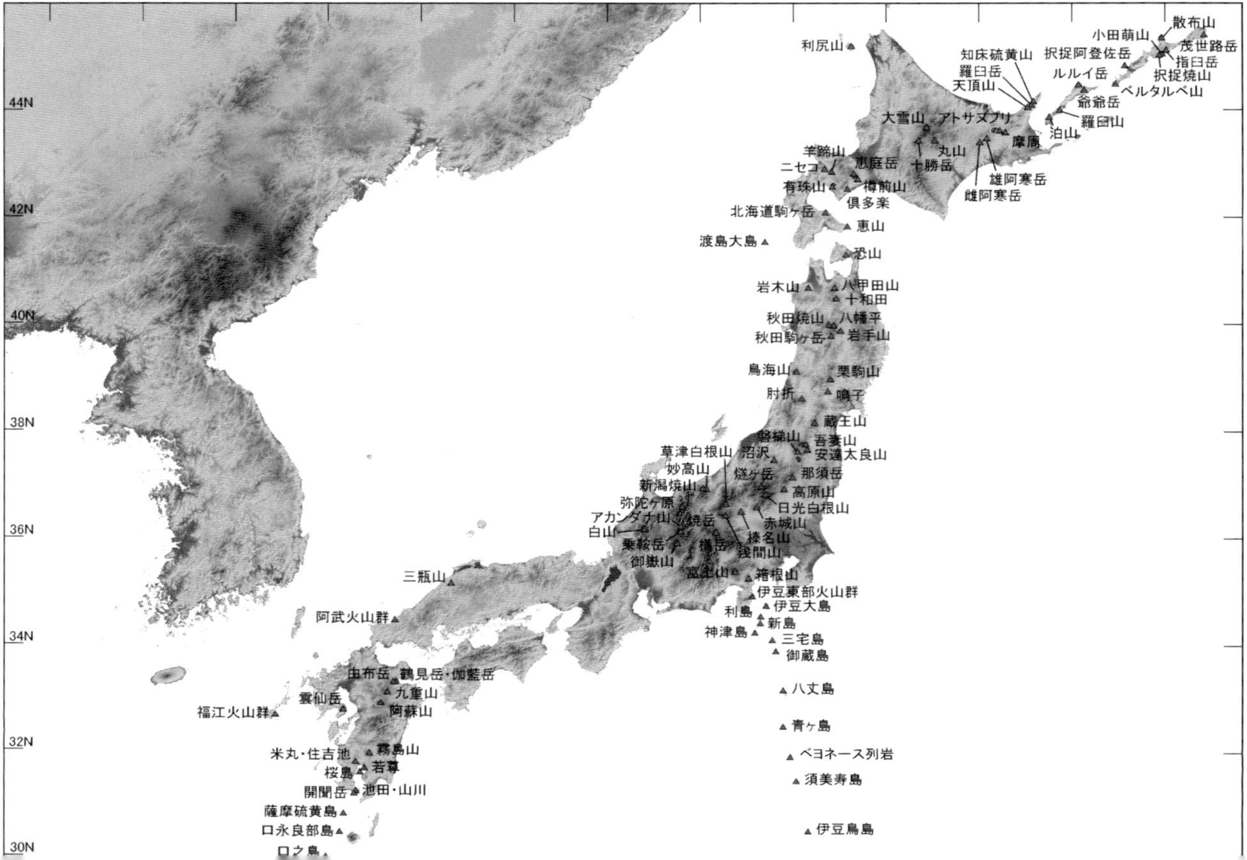
44N
42N
40N
38N
36N
34N
32N
30N
利尻山
散布山
小田萌山
茂世路岳
指臼岳
択捉焼山
択捉阿登佐岳
ルルイ岳
ベルタルベ山
爺爺岳
羅臼山
泊山
知床硫黄山
羅臼岳
天頂山
大雪山
アトサヌプリ
摩周
丸山
十勝岳
雄阿寒岳
雌阿寒岳
羊蹄山
ニセコ
恵庭岳
有珠山
樽前山
倶多楽
北海道駒ヶ岳
恵山
渡島大島
恐山
岩木山
八甲田山
十和田
秋田焼山
八幡平
秋田駒ヶ岳
岩手山
鳥海山
栗駒山
肘折
鳴子
蔵王山
磐梯山
吾妻山
草津白根山
沼沢
安達太良山
妙高山
燧ヶ岳
那須岳
新潟焼山
高原山
弥陀ヶ原
日光白根山
アカンダナ山
焼岳
赤城山
白山
榛名山
乗鞍岳
御嶽山
浅間山
富士山
箱根山
伊豆東部火山群
伊豆大島
利島
新島
神津島
三宅島
御蔵島
八丈島
青ヶ島
ベヨネース列岩
須美寿島
伊豆鳥島
三瓶山
阿武火山群
由布岳
鶴見岳・伽藍岳
九重山
雲仙岳
阿蘇山
福江火山群
霧島山
米丸・住吉池
若尊
桜島
開聞岳
池田・山川
薩摩硫黄島
口永良部島
口之島